# 天空人伝承

## ～地球年代記～

山岡　徹
*Toru Yamaoka*
山岡由来
*Yuki Yamaoka*

たま出版

本文イラスト＝山岡由来・山岡志麻

北米アイダホ州コロンビア川支流サモンリバー上流の岩場に刻まれた岩絵には、両手を上げ、あるいは手をつなぐ十数人の人物が、同心円を起点として上方に向かうかの様なV字形の円紋群と共に描かれている。これをＵＦＯ編隊を歓迎する人々として再現した絵。

熊本県山鹿市のチブサン古墳石棺壁画には、７つの円紋と両手を上げ冠を被った人物、そして三角紋が描かれている。円紋を上空のＵＦＯと解釈し、それを歓迎する王として再現した絵。

古代エジプト第18王朝のトトメス3世（B・C・1470）時代の王室年代記にこう記されているという。「22年の冬の第3の月の6時、生命の館の書記たちは、炎の輪が空に立ち現れるのを見た。……数日が過ぎると、炎の輪は数を増し、太陽よりも明るく輝いた。王の率いる軍隊は護りを固めて天を仰ぎ、陛下はその真ん中におられた。……」。この記述の炎の輪をUFOとして再現した絵。

1917年10月13日正午、ポルトガルの寒村ファチマで、集まった約10万人の人々の頭上で、太陽が乱舞するという奇跡が起った。それは太陽の様に見えたが、銀色の円盤であり、回転し様々な色彩の光線を放射したUFOと考えられている。その状況を再現した絵。

紀元前15世紀のエジプト王朝トトメス3世王室年代記:「22の年、冬の第三の月、その日の六時目、“生命の館”の書記たちは、炎の輪が空に立ち現れるのを見た。頭がなく、吐く息は臭く、体は長さも幅も同じで、声を出さなかった。書記たちは恐れおののき、地にひれ伏し、王に報告した。……数日が過ぎると、炎の輪はさらに数を増し、太陽よりも明るく輝きわたった。……王の軍は王の護りをかためて、天をふり仰いだが、夕食後、炎の輪は天高く昇って、南へと去った」

(左) B.C.1300年ころ、古代エジプトの王子として育てられたモーゼは、エジプトから逃れミデアンの地で新生活を送る。ある日、山で燃えている柴を燃やさない不思議な火を目撃して近づく。すると火の中から神の声が聞こえ、エジプトにいる同胞を解放せよ、私は必ずお前を援助する、と告げられる。(中央)モーゼはエジプトの苦役から解放したイスラエルの民と共に神の山のふもとに宿営する。そして神に会うため70人の長老と共に山に登る。イスラエルの神を見ると、その足の下にはサファイアの敷石のごとき物があり、澄み渡る大空のようであった。(右) B.C.522年王位についたダリウス1世は、神アフラマズダを礼拝した。翼の生えた太陽に乗る姿で表現されたアフラマズダ神は、ダリウスを王となし、王の任務遂行に援助を与えたという。「……この理由で、アフラマズダは、他の神々とともに私に援助を与えた。それというのも、私が敵対的でなく、偽りをいわず誤った振る舞いをしなかったからである。私と同様、私の家族もこのようであった。私は公正さに従って自らを導いた。強者にも弱者にも不正を働かなかった」(ベヒストゥーン碑文4. 62-5)
[メアリー・ボイス著　筑摩書房『ゾロアスター教』 p.80]

モーゼに率いられてエジプトを出たイスラエルの民は、ステコから進んで、荒野の端にあ

るエタムに宿営した。……主は彼らの前に行かれ、昼は雲の柱をもって彼らを導き、夜は火の柱をもって彼らを照らし、昼も夜も彼らを進み行かせられた。昼は雲の柱、夜は火の柱が、民の前から離れなかった。（出エジプト記 13—21）
……主はモーゼに言われた。「イスラエルの人々に告げ、引き返して、ミグドルと海との間にあるピハヒロテの前、バアルゼポンの前に宿営させなさい」。……このとき、イスラエルの部隊の前に行く神の使いは移って彼らのうしろに行った。雲の柱も彼らの前から移って彼らの後ろに立ち、エジプトびとの部隊とイスラエルびとの間にきたので、そこに雲とやみがあり夜もすがら、かれとこれと近づくことなく、夜がすぎた。モーゼが手を海の上に差し伸べたので、主は夜もすがら強い東風をもって海を退かせ、海を陸地とされ、水は分かれた。イスラエルの人々は海の中のかわいた地を行ったが、水は彼らの右と左に、垣となった。（出エジプト記 14—19 ～ 22）

1917 年 10 月 13 日正午、ポルトガルの一寒村ファチマで起った “太陽の乱舞”:「……ルチアは群衆に向かって叫んだ『太陽をごらんなさい！』……雨ははたと止み、夜明けから空をおおっていた雲は散りうせて、太陽は銀の円板のように、天頂に現れた。人々は有明けの月でも見るように、肉眼でこの珍しい太陽を見つめていた。とたちまち火の車のように回転を始め、幾百条ともしれない光線を四方八方へ放ちながら、回転するにしたがって光線の色が変化していく。それにともなって空も地も木も岩も、出現を見る三人も、これを見守る大群衆も、次々に黄、紅、青、紫……にいろどられていく。太陽はしばし回転を停止した……にわかに全群衆は太陽が天空を離れて稲妻形に跳ねかえりながら自分らの頭上にとびこんでくるのを見た。（セ・バルタス著『ファチマの牧童』より）

左:米国コロンビア河支流サモンリバーの沿岸の岩場に刻まれた線刻画の再現。中央: 同じく米国ネバダ州アウトラル・ロックの遺跡にみられる岩絵の再現。右:日本熊本県山鹿市チブサン古墳石室画の再現。円紋を空中のUFOとし、色彩で当時の様子を再現しようと試みた油彩画である。これらはいずれも人物の上に円形を主体とした複数の空中物体を描き、それらに向かって歓喜の姿勢をみせている。これらは空から訪れた乗り物を記念して描いたようである。

福島県泉崎4号横穴の壁画（左と中央）と同じく福島県清戸迫76号横穴壁画を、こんな様子だったのではないかと油彩で再現したもの。壁画の主題はいずれも渦巻文である。手をつないだ人の上にあるから、たぶんそれらは空にある何かなのだろう、という解釈が正しいとすると、ほかの渦巻文は空に所属するシンボルなのだろうか？　と考えてしまう。
これらはまた、埋葬された古墳の主の、生前の記念的出来事なのだろうか、それとも死後の世界への祈りなのだろうか？　これらの渦巻きが、1981年に中国でみられたUFOに似ているのは何故だろうか?

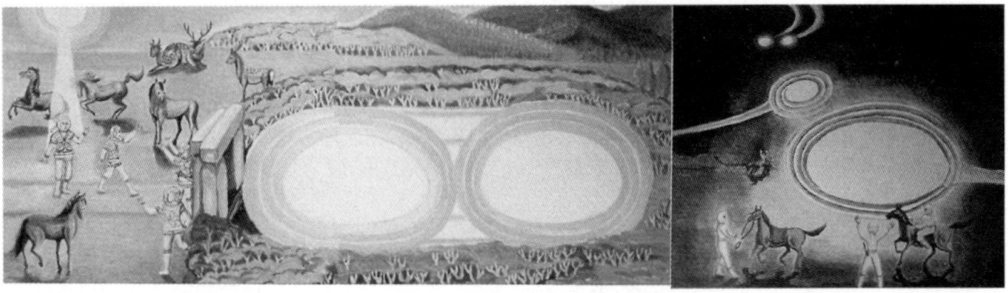

福島県羽山——1号横穴の壁画と泉崎4号の壁画を現実的な風景として再現を試みたもの。人、馬、矩型、渦文、これらを組み合わせた世界を描いたといえるかも知れない。

文化神と英雄の横顔:アイヌ文化の英雄オキクルミカムイはアイヌと共に自ら狩りをしたという。また古代オリエントのシャマシュ神は王に律法を授けた。神の仮面を脱いで素顔を見せ「私はお前と同じ人間だ」と言ったのはサンダー・バードであった。
アラスカのハイダ・インディアンの言い伝え「その昔、鋼鉄の頭をした男が、すべての人間を統率していた。彼はサンダー・バードや雷神やその他の神々に気に入られていた。やがて大洪水が起り、地球がすべて水におおわれた時、鋼鉄の頭の男の身を案じた神々は、彼を鋼鉄の頭をしたサケに変えてやった。鋼鉄頭のサケは、洪水の間中ニンプキス河の水の中で暮らした。彼は洪水が終ると、材木を集めてすみかを作ろうとした。しかし、力が足りなかった。すると、サンダー・バードが雷鳴と共に現れ、神の仮面をぬいで人間の素

顔を見せた。『私はお前と同じ人間だ』とサンダー・バードが言った。『私が家を建ててやろう。私はお前の部族をつくるためにここにとどまり、永久にお前を護りつづけよう』。サンダー・バードが４度羽ばたきをすると、その雷鳴と共に武装した戦士の一団が現れた。この鋼鉄の頭の男と武装した戦士たちが、ハイダ・インディアンの先祖なのだ」(ジェームズ・チャーチワード著『失われたムー大陸』より)

B.C.4年頃、ローマ支配下のユダヤのベツレヘムでイエスは大工ヨセフと母マリアの子として世に現れた。イエス誕生は動く星の出現によって知られたという。……彼らが東方で見た星が、彼らより先に進んで、幼な子の所まで行き、その上にとどまった。彼らはその星を見て、非常な喜びにあふれた。(マタイ福音書2—9)……そこで賢者たちは言った「巨大な星がほかの星の間で光って、そのためほかの星の光は弱くなって見えなくなるほどであったのを見たのです。そんな次第で、王がイスラエルにお生まれになったのを知って、その方を礼拝するために参ったのです」。……すると見よ、彼らが東方で見た星がほら穴にはいるまで彼らを先導し、ほら穴の頂きに止まった。(ヤコブ原福音書21—2、3)
イエスは弟子を集め、人々に説法し、奇跡を見せて人々の病を救ったがローマに捕えられ十字架にかけられる。この時……雷鳴と稲妻と地震が起り、天が裂け、光輝く雲がおりてきて彼をもちあげた。(使徒たちの手紙51)

イエスは十字架から降ろされて墓に埋葬された。ところが、安息日が明けた早朝、天から二人の人が降下して、イエスの墓の石のふたを転がし、墓の中に入った。兵士たちが見ていると、……また、墓所から三人の人の出てくるのが、すなわち、二人が一人をささえ、彼らに十字架のついてくるのが、そして二人の頭は天まで達し……また、彼らは「死者たちに宣べ伝えたか」という天からの声を聞いた。そして「はい」という答えが十字架から聞こえた。
復活したイエスはやがて弟子たちの目の前で天に上げられる。……アダムスは言う「あの方がまだマミレクの山に座して、お弟子たちを教えておられる間に、雲があの方と弟子たちとを覆ったのです。この雲があの方を天へと連れ去り、そのあとにはお弟子たちが地面にひれふしておりました」(ニコデモ福音書16—6)
……彼らが天を見つめていると、見よ、白い衣を着た二人の人が、彼らのそばに立っていて、言った。「ガリラヤの人たちよ、なぜ天を仰いで立っているのか。あなたがたを離れて天にあげられたこのイエスは、天に上って行かれるのをあなたがたが見たのと同じ有様で、またおいでになるであろう」(使徒行伝1—9)

# はじめに

私たち夫婦はUFOを通じて知り合い、結婚しました。1971年のことです。夫である私は1960年から、妻は1966年からUFOの研究団体の一員としてUFOの学習を始めました。UFOの学習と同時に二人とも様々なUFOを目撃してきました。それは、先輩たちから「UFO研究は、まず目撃することから始まる」と教えられたからです。毎日毎日空を見上げる日を続けたこともあります。

私たち夫婦は、やがて生まれた一人娘にもUFOのことを教え、また家族全員でUFOを目撃したり写真やビデオに撮影してきました。その目撃撮影データは、まだ整理がつかないほど膨大になりました。

私たちは、これまで自分たちの目撃体験や課題の研究成果を、自費出版で親しい人や、いろいろな機会で知り合った人たちに配布してきました。しかし自費出版や自分たちだけの宣伝には限度があります。それで書店に出せるような本を作ろう、ということになりました。

妻がタイトルを決め、構成を考え、イラストを担当して、油絵の絵も含めて相当な分量の資料が出来上がりました。しかし、資料の羅列では本になりません。夫の私が、その資料を基にしてパソコンにワープロ打ちしてゆきました。大幅に割愛したり、別なテーマを入れたりして、妻の最初の原稿からだいぶ変わってゆきました。

こうして出来上がったのが本稿ですが、至らないところ、不十分な表現など、未熟な面があります。それでも、世間に出ているUFO書とは、ちょっと違うな、と思っていただけたら幸いです。私たちは体験を通して、地球が宇宙で孤独な存在ではなく、本気になれば、必ず空中の異変、異常な飛行物体の出現に出会えることを証明しました。この「本気になる」という状態は、なかなか表現しにくいのですが、UFOがあるかないか、これは自分自身にとって重大問題なのだ、と強く思って、それを実行することだと思います。本やテレビや他人の目撃談は、自分自身がUFOと相対するための、きっかけに過ぎません。このへんの認識が普通と違うと思います。UFOに対して甘い夢や期待、あるいは逆に恐怖といった先入観を抱くと、幻想の形でしかUFOと関係できない状態、つまり空想に浸るような精神状態に陥るようです。催眠によって引き出されるイメージは、客観的な事実としての未確認飛行物体ではなく、一足飛びに「宇宙船」や「宇宙人」といった結論めいた話になっていきます。

人間の理解の仕方や順序を無視した面白い話題は、現実のUFO現象にはありません。地道に観測データを検討し記録し、それを既知の現象と比較したりすることで、現実の空に何が見えたのか、何を撮影したのかを考える状態が延々と続いていくのです。幽霊やオバケのように

「ハイコンニチハ」と宇宙人と会えるものでは決してありません。それは、現実のUFO事件と共に、その歴史を調べて学ぶことによってわかります。

私たちは、昔の人、古代に生きていた人が出会った、謎の超人、神や文化英雄として語り継がれてきた存在を「天空人」と呼んでいます。現代の無数の宗教が様々な問題を生じている事態を鑑み、「神」という言葉を使うことや、脳内体験的な黒目のエイリアンを連想する「宇宙人」という言葉を使いたくありません。

最近の考古学上の発見によって、古代人とは無知蒙昧な人々ではなく、現代人とさして変わらない精密な技術と英知を持っていたことが明らかになりつつあります。これは古代のUFO飛来を調べる私たちにとっても喜ばしいことと受け止めています。

本書を読まれることで、いままでのUFOに対する認識を、問い直すきっかけとなれば幸いです。

山岡　徹・山岡由来

## 目　次

はじめに ………………………………………………… 9

**第1章　悠久の時を越えた彼方からのメッセージ　15**

**第2章　“宇宙からの客”その証拠と伝承を求めて　23**

５億年前の靴痕?! ………………………………………… 25

26億年前の人工金属球体！ ……………………………26

テクタイトは落下した探査機の残骸か？ ………………28

地球を周回した異星からの人工衛星 ……………………31

**第3章　天空人伝承　35**

異形の神々……それらは空想的な芸術か？
それとも古代人は何かを見たのか？ ……36

古代人の非日常的表現について …………………………38

古代人の心を知るキーワードとしてのシンボルについて ‥39

●聖なるカーブ……牛の角　39

●速い乗り物……馬　44

●空を飛ぶ物……鳥　46

■サンダー・バード物語　48

●ジグザグと蛇行の表現……蛇　50

●空の橋と船……虹　51

●神の乗り物……雲　52

●神の声(拡声器）の表現……稲妻(雷）　53

●真昼の輝き……太陽　55
●夜の輝き……金星　57
●旅立ちの乗り物……舟・船　58
●回転する物体……車　60
●神の武器……弓　64

## 第4章　宇宙秩序の中の天空人　67

宇宙の意志とは何か？ ……………………………68
宇宙の知的生命は我々と同じか？ ………………69
宇宙真理を会得する太陽ネットワーク …………70
神々と文化英雄は地球の外から来たのか？ ……71
神々と預言者は宇宙から来た ……………………72
神を迎えるための準備はこうして始まった ……75
王権は宇宙から授与された ………………………76
王権とはいったい何か？ …………………………78
神の代理人は太陽王国建設を目指した …………80
農耕道具を教えた文化神オシリス物語 …………84
国王になったオシリスは理想的な政治家だった ……86
ミイラの元祖オシリスは復活した ………………88
オシリスの子ホルスは翼をつけた円盤で空を飛んだ！ ……90
ホルスの母ハトホル女神と巨大電球の謎 ………92
歴史と民族を超えた神、天空人の実像 …………94
聖都エルサレムにめばえた悪を怒った天空人 ……98
天空人は捕囚の民ユダヤ人解放に助言したか？ …… 100
仏教の宇宙観は地球外知性を理解できるか？ …… 102
仏陀の説法を聞きに天空人たちが密林に現れた？ …… 105

**第5章　古代と現代に在るもの　109**

生活の知恵と技術を教えた天空人 …………………… 110

接近した空中物体を歓迎する人々 …………………… 117

見知らぬ人……彼らは現代の天空人だったか? ………… 123

アイヌ聖地を訪れた見知らぬ人 …………………… 123

国連に現れた謎の人物 ………………………………… 126

**第6章　天空人たちは現代世界をUFOで訪問しているのか？　131**

著者と家族が目撃・撮影したUFO記録より ………… 132

あとがきに代えて ………………………………………… 138

# 第1章
# 悠久の時を越えた
# 彼方からのメッセージ

COSMIC UNION、宇宙連合の会議室において、その時一人の長老が立って言葉を発した。「我々はかの遊星の統治者たちに何度も警告を発したが、今だにそれが受け入れられていない。時がたてば必ずや天体は破壊され、生物は死滅するだろう。警告に従って力を尽くしている者しか避難させる事は出来ない。それが宇宙の法則なのだから。また、連合に加盟している全惑星に通告して、宇宙動乱の被害を少なくするため、各遊星ごとに対策をとるよう指令されたい」

そして、太陽系第５軌道惑星は、地下に累積された核エネルギーを放出させて大爆発を引き起こし、跡形もなく砕け散った。……それがいつの時代であったのか誰も知らない。しかし、第４軌道惑星、第３軌道惑星への被害はことのほか大きく、第４軌道での一部は地下都市に生き残り、一部は他惑星へ避難した。この避難は爆発前に行われた。その爆発後の軌道に分布した惑星物質により、所謂「アステロイド帯」が形成されたが、この帯のために全ての宇宙航行が永い永い間……数え切れないくらいの期間……不可能となったからである。そして、第５軌道惑星の住民たちの魂がどこへ流れ着いたのか、知る者もいなかった。

永い時が過ぎ去って、粉砕惑星の水は彗星となって太陽を巡り、岩石のアステロイド帯は軌道が安定しない期間、波状的な宇宙災害となって各遊星を襲った。大隕石の落下がこれである。その痕跡は無数のクレーターとなって各惑星の表面を覆った。

アステロイド帯の軌道が落ち着きかけると、ようやく宇宙連合はその活動を開始した。隕石との衝突に耐えられる宇宙船の建造と、変動の激しい惑星大気でも活動できる宇宙服の開発が急ピッチで進められた。

宇宙連合の宇宙船は宇宙航行用と惑星活動用の２つに大別される。人員と各種小型宇宙機の輸送、そして惑星および宇宙連合の会議場をかねる動く基地としての葉巻型の巨大母船。そして到達した惑星圏内で飛行活動を行う円盤型の中型と大型の円盤機。大型の円盤機には航行計画を統括する司令機が特別仕立てで開発され、この機

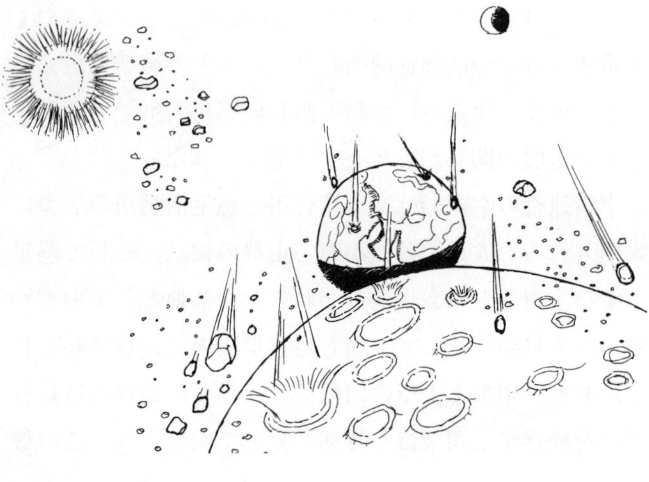

体の性能は母船と同様に宇宙空間を独力で航行できるものとなった。また、中型円盤には球体や円盤型の大小様々な無人機が搭載された。これらは遠隔コントロールによって目的空域まで飛行し、情報を収集して円盤機に帰還する自動制御のマシンで、「記録用円盤→レジスターリング・ディスク」と呼ばれた。円盤機にはそれらを発射するランチャーが装備され、任務を果たした後に回収され、円盤機の乗員により瞬時にして情報が取り出されて解析される。情報は音声と画像、特殊な信号で収録され、必要な場合は即座にスクリーンに映し出す。情報は対人と対物に大別される。

対人は映像音声のほか調査対象となった人物の想念や思考内容を記録する。さらに調査対象の生から死、そして次の生から死を追跡してデータを集積し評価すると共に、連合に所属する魂の移動を操作することも出来る。

対物は目標となった出来事や場所に滞空して画像や音声、想念のピックアップを行って記録する。無人機のなかには逐次収集データを円盤機に中継し、使命を果たした後に消去される種類もある。それらは建造物の屋内や特定個人の周辺で待機・浮遊活動するため、円盤機からの指令が逆に至近距離にいる対象となった個人の心理状態に作用する場合もあった。

宇宙連合会議の決定事項は、各遊星の現状探査と報告

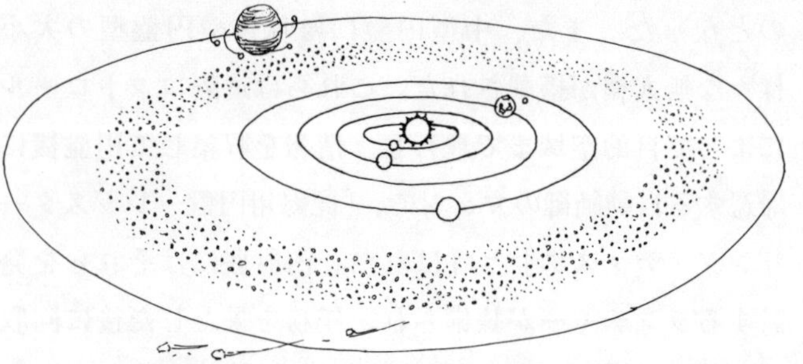

であった。また、進化途上の遊星に対しては、環境整備の計画を発動した。環境整備とは、その遊星に適合する動植物の種が選別されて、他の遊星からその種子や現物を“移植”“移住”させるもので、それらの動植物の進化はその遊星のレベルにゆだねられた。これが宇宙の法則であり、様々な種は遊星の自然環境のなかで果てしない時間の経過と共に、より強い適応と進化をとげていった。

第5遊星による宇宙動乱による隕石落下により“死の星”の様相を呈していた第3軌道惑星にも、再び生命が満ちあふれてきた。絶滅した恐竜に代って哺乳類、霊長類が姿を現わした頃、この星の進化の様子は定期的に巡回する宇宙パトロールによって宇宙連合へ報告された。そして人類が姿を見せた頃、その衛星である月には、宇宙連合の地下基地が設営されていた。

第3軌道惑星の周囲には、宇宙連合の人工衛星も巡っていた。

そのころ、ある一定の場所に宇宙からの移住者が住んでいて、その文明を大いに発展させつつあった。しかし彼らは物質的に非常に恵まれていたため、祖先の歴史を戒めとする事を忘れ、宇宙連合の存在と、その戒めを軽んずるようになった。

そこで宇宙連合は全惑星に指令を発し、この遊星との宇宙航行を禁止させ、この遊星の宇宙空港は放棄されたのである。そのため、この遊星に立ち寄って生活していた旅行者も、故郷の星に帰還出来なくなった。

ある時、銀河宇宙の巡回者である方々が、第３軌道惑星の様子を人工衛星からの情報で調べたところ、地殻の大変動により大いなる文明は亡びており、わずかに植民地に避難した人々が生き残っていることがわかった。

“宇宙航行の禁止は解く事は出来ないが、大変動の際には『神を探し求める者』がいれば、最低の援助をする事は出来る”という会議の決定に基づき、惑星の時間で数万年に及ぶ永い時間をかけて遂行される《第３軌道惑星援助計画》はここに発動したのである。

# 第2章
# “宇宙からの客”
# その証拠と伝承を求めて

序章でイメージされた第３軌道惑星の物語りとは、我々の住む地球がかつて経験したに違いない過去を、現代のUFO現象によって触発された信念によって構築されたものである。

ここで、物語りをより現実的なものとするために、失われた過去の歴史の痕跡かも知れない謎の発掘物についての情報をみていくことにしよう。

地球の誕生以前、宇宙のどこかですでに宇宙航行の技術を完成させた知的生命体が、たまたま地球に立ち寄って、忘れ物や落し物をして去っていったら、それらの品物は、恐竜の化石とカメラのレンズキャップが同時に埋っていたとか、石炭の中から万年筆が出てきた、といった発見になるだろう。

また、計画的に地球の変化や進化を観察する種族がいたとしたならば、彼らは現代の我々がやっているように、無人探査機を生命のない地球に着陸させて、生命発生までを観察したり、生命が誕生したら人工衛星で分布を記録したり、様々な惑星の変化と進化を記録したに違いない。そして、探査機械が放置された場合、機械が朽ち果てて地面の下に埋っても、丈夫なボルトの一本とか、腐食しない金属部品が何十万年あるいは何億年ものあいだ、残っていることもあるだろう。

果たしてそんな事が実際にあるのだろうか？

それがあるらしいのだ。これらの品物の多くは、人類が誕生する以前の時代に、何者かが残していったとしか考えられない場違いな人工物体なのである。

## ５億年前の靴痕?!

地球に人類がまだ誕生していなかった時代、三葉虫を踏みつぶした何者かがいた！　この衝撃的な発見は1968年６月の米国ユタ州アンテロープ・スプリングで妻子と共に化石を探していたアマチュア化石収集家ウィリアム・マイスター氏によってなされた。三葉虫とは古生代のみに栄えた絶滅節足動物で、古生代とはカンブリア紀、オルドビス紀、シルル紀、デボン紀、石炭紀、二畳までの５億4000万年前～２億4500万年前の原始生命の時代である。三葉虫の体長は２～４cmが多く、我々の靴で踏み潰せる大きさではある。“靴痕”はサンダル状でかかとの凹みまであるといわれ、長さ約26cm、幅約８.９cmというから、我々の履く靴の大きさと同じである。むろん、反論もある。「三葉虫の化石が出てくるような水生岩は、さまざまな形になることがあり、たまたま靴痕の形に似た形になったのだ」というもの。あるいは、また、「この特異な形の押痕は大きな三葉虫が３匹の小さな三葉虫の上に覆いかぶさった跡だろう」という説もあるようだが、この反論は単に形の問題ではなく靴状の形が三葉虫をつぶした状態について推理している状況である。

我々の地球文明は20世紀になってパイオニア、ボイジャーという無人探査機を相次いで宇宙空間に送り出した。太陽系の外に出たこれらの探査機が、何万年かたってどこかの原始惑星に漂着し、惑星の大気圏を燃え尽きないで地表に落下したとしたら、また何億年か経過して探査機の部品が化石となり、やがて芽生えた知的生命体によって再発見された時、惑星の住民はその金属の部品を宇宙からやってきた人工物だと認識するだろうか？それとも超古代に芽生えた文明の証拠とするだろうか？

## 26億年前の人工金属球体！

これと同様に、もし宇宙から人工的な観測機械が原始地球に到達していたならば、その機械の断片が化石や石炭の中から見つかる事になる。

南アフリカ共和国のクラークスドルプ市博物館に陳列されている直径4cmの金属球体は、西トランスヴァール州オットスダール付近の葉蝋石鉱山から掘り出されたもので、同国の地質学者によると、この葉蝋石鉱脈の形成年代は26億から28億年も前だという。この金属球の赤道部分には3本の溝が取り巻いている。これと似たような金属物体は1885年、オーストリアのシンジアの炭鉱でも見つかっている。高さ6.4cm、幅4.5cm、重量794gのニッケル鋼物体で、やはり赤道部分に溝がある。形はブロックといった矩型だ。

何か機械の部品が腐食溶解せずに今日まで残ったのだろうか。我々地球の科学技術の範囲で機械部品といえばボルト・ナットがつきものだが、実際に「15億年前の岩石にボルトが埋っていた‼」という出来事が1997年5月、モスクワ航空大学を中心とする隕石探しの作業中にあり、ロシアの新聞で報じられた。岩は約20センチの大きさで、その側面に5ミリほどの小さなボルトのような形をした金属が埋っており、モスクワ地質学研究所の分析によれば、この岩石の生成年代は15億年以上前であるという。この金属の材質はまだ不明だが、早くも“15億年前に飛来した宇宙船の部品”説が浮上している。

# テクタイトは落下した探査機の残骸か？

あまりにも悠久な億単位の過去に我々人類は関係がない。その頃にどんな知的生物が地球に立ち寄ったとしても、またその痕跡があったとしても、今の我々はそれを見つめるだけである。

しかし、100万年単位の過去ともなれば、もう我々の時代であろう。ここにテクタイトという謎の岩石がある。ガラス質の黒い石で東南アジア、アフリカ、北米など世界各地に広く分布しており、隕石落下や火山噴火によって噴出した物質というよりも、月など地球以外から大気圏を通過して落下したと考える見方が強い。平均成分はケイ酸を主成分（約70%）とし、水を含まないのが特徴である。

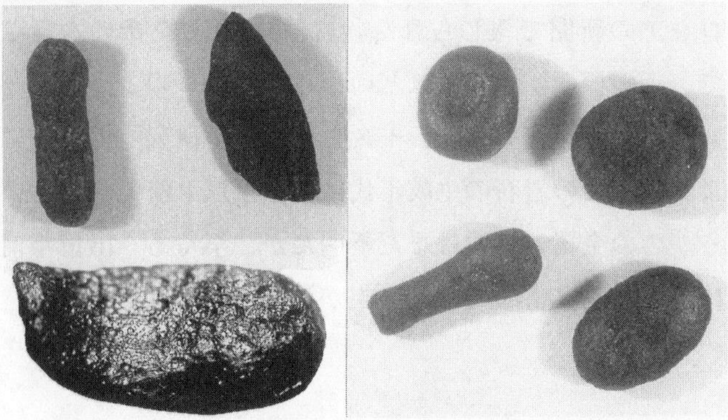

ちなみに地球上の天然ガラス質物質である黒曜石などは水を含む。成因はいまだに謎だが、見つかった地域から様々な名称で呼ばれている。その生成年代はオーストラライトの75万年前、象牙海岸テクタイトの100万年から北米の3500万年まで5段階ほどの年代があり、空中を秒速7 km以上の高速で落下したとみられる独特の外観を呈する。また、一見すると黒く見えるが、太陽光線に透かして見ると透明なグリーンであることがわかる。この不思議な石について、衝撃的な仮説を唱えたのが、旧ソ連の科学者、物理・数学修士M・M・アグレストであった。旧ソ連の科学雑誌に掲載された“宇宙人地球来訪来訪”説をまとめたA・カザンツェフ他著『宇宙人と古代人の謎』の中でリーチ・チェルネンコはこう書いている。

「……自然の様々な謎の中で最も不思議な物の一つと考えられているテクタイトは特にリビア砂漠で発見された。テクタイトからはアルミニウムとベリリウムの放射性同位元素が検出された。放射性同位元素は一種独特の出生証明書のようなものだ。この場合、これらの元素はテクタイトが多く見積もってもせいぜい100万年前に非常な高温（一説には熔融点が1300度～2500度）と強力な放射線の下で生まれた事を示している。だが私たちの地球は数百万年前どころの話ではなく、数十億年前に形成されている。従ってテクタイトは既に出来上がった地球の上に、つまり比較的最近に出現したということになる。

それならばこれは隕石の親類だろうか。しかし、隕石はテクタイトよりはるかに年をとっている。この謎の物体を説明しようと多くの試みがなされた。星間物質、地球と彗星の頭部との衝突による生成、巨大隕石が月に衝突して月のかけらが地球に降ったもの、などである。しかし、こういった試みは、どれ一つとしてテクタイトのもつ多くの特殊性、特にそれが地表の個々の部分に集中しているという事情を説明することが出来なかった。

そこでアグレストは、次のような解釈も成り立つのではないかと考える。――宇宙の遠い領域から巨大な宇宙船が地球に接近してきた。恒星間空間では、それは光速で飛行してきたが、地球から約4万キロ離れたところで速度を毎秒3キロに落とし、エンジンを止めて、回転周期が一昼夜に等しい人工衛星となって地球の地表に対して見かけ上の静止の位置を保った。このような位置をとることによって、宇宙船は燃料を消費せずに地表の同一地域の上空に長時間とどまることができた。この位置から、宇宙からの旅行者たちは特別のロケット・ゾンデを使って大気と地表を調査し、適当な着陸地点を選んでから地上におりてきた。テクタイトは地上に落下したロケット・ゾンデの跡ではなかろうか……」

***テクタイトの成分分析の結果***　　1999/4/5

| 成　分 | 中国産 | ベトナム産 | 平　均 |
|---|---|---|---|
| SiO2 | 70 | 72.1 | 71.05 |
| Al2O3 | 13.7 | 13.3 | 13.5 |
| Fe2O3 | 6.4 | 5.6 | 6 |
| MgO | 2.8 | 2.6 | 2.7 |
| CaO | 2 | 2 | 2 |
| K2O | 2.2 | 2 | 2.1 |
| Na2O | 1.7 | 1.4 | 1.55 |
| TiO2 | 0.9 | 0.8 | 0.85 |
| 合計 | 99.7 | 99.8 | 99.75 |
| 比重 | 2.41 | 2.39 | |
| 色 | 茶褐色 | 茶褐色 | |

重量％

微量成分　SrO　ZrO2　Rb2O　MnO
鉄の酸化状態の分析　Fe2O3
着色成分　Fe2O3

## 地球を周回した異星からの人工衛星

20世紀人類が初めて大気圏外に人工物体を打ち上げたのは、1957年10月４日のこと。ソ連によるスプートニク１号であった。それ以前には絶対に人類は人工物体は打ち上げていなかった。だから、もし1957年10月以前に人工衛星のような振る舞いをする物体（肉眼では通常、ゆっくりと動く星に見えるもの）が記録されたら、それは地球の引力に引かれて接近した小惑星が人工衛星の軌道を運行するという空想的な出来事が起らない限り、人類以外が地球に配置した物体ということになる。

はたしてそんな記録があっただろうか？　それがあるのだ。

まず、1984年に発行されたLawrence Fawcett & Barry J. Greenwood著『CLEAR INTENT』は北米航空宇宙防衛司令部（NORAD）の宇宙探知追跡システム（SPADATS）によって宇宙空間に探知された未知の軌道物体について述べている。つまり未知の衛星問題は、人類が人工衛星を打ち上げた直後から発生していたのだ。

1957年にはスプートニク2号に接近して移動する未知の物体の航跡がベネズエラのカラカスで通信省のルイス・ユラルス博士によって撮影されている。

また1960年1月4日に2個の極軌道物体が米国の科学者によって追跡され、当時は米ソとも極軌道衛星を打ち上げていなかったところから騒ぎになり、その推定重量15トンと真っ黒な物体であるところから「15トンの黒騎士」という名称で米国の雑誌に取り上げられた。時を同じくして、やはり極軌道をまわる謎の人工衛星が米国防省から発表された。2月10日のことである。その軌道は近地点約214km、遠地点約1718kmで周期は104分30秒。寿命は数ヶ月続くと発表された。

「宇宙から来た人工衛星――地球軌道を回る未確認物体出現の謎」このタイトルはUFO研究家ハリー・ヘルムス・ジュニアの執筆した日本のUFO雑誌からのものだが、実はこの事件は過去にも起こっていたのである。人工衛星を肉眼で見ると、星が動いているように見えることは誰でも知っている。中国の明の時代、『明史天文志』に記載された“進む星”の多くは複数で、「空中を移動し、かつ後ろに小さい星を伴っている」というから、今でいうところの一列縦隊UFO編隊を思わせる。記録によると、先頭の明るい星に伴う小さな星の数は1個から5個までが多く、中には「十餘」「數十」という記載がみられる。この記録を紹介した台湾のUFO研究家張開基著『古中國正史中的UFO事件』には、1388年から1626年までの間に、なんと400件以上もの観測を収録しているのである。

現代と過去におけるこれら未知の衛星状物体の目撃は、テクタイトの人工天体残骸説にまで遡る可能性を示唆させるものとは言えないだろうか。

もし、我々が地球人類が高度な宇宙探査技術と宇宙航行技術を発達させ、寿命の壁を克服して長い年月の活動を可能にしたならば、特定の原始惑星に向けて、生命誕生から進化の過程を経て、文明の進化に至る長い年月を観察できるだろうか？

あるいは、超古代に地球に落下した人工物と、その後に訪れた来訪者とは直接関係がないと考えることもできる。

# 第3章
# 天空人伝承

# 異形の神々
# ……それらは空想的な芸術か？
# それとも古代人は何かを見たのか？

世界の自然民族が今日に伝える民族芸術における複雑怪奇な造形や、日本の縄文時代における紋様の奇抜さの中に、現代の我々の目から見て、宇宙人や宇宙服を思わせる形がある。あるいは耳飾りに機械の構造を思わせる幾何学的造形がみられたり、王冠の形に通信機のような形がみられたり、翼を持つ機械や空飛ぶ機械に乗っている姿がみられる。それらを見ていると「もしかして、古代人たちは彼らを訪れた“空からの訪問者たち”の活動にあこがれて、その空飛ぶ乗り物や飛行士たちの身につけていたヘルメットやゴーグル、レシーバーや宇宙服を真似て民族芸術に取り入れたのではなかろうか？」と思ってしまう。はたしてそういう推理は当たっているのだろうか。それともそれらは古代人たちのたくましい想像力の所産なのだろうか。我々は古代人の空想を無理やり宇宙人に結び付けようとしているだけなのだろうか。その辺のところをなるべく平常心をもって探っていくことにしよう。

まず、現代のように様々な機械や乗り物のなかった時代、現代のUFOのように、もしも日常的な風景に割り込んできた異質な存在があったとしても、昔の人々は日常に見慣れている自然界における太陽や月、星といった天象そして身の回りにある道具や動物でそれを表現したに違いないことから基礎がためをしていきたい。

もしも当時の人々のなかに写真に近い写実的なスケッチを表現できる能力があったなら、我々の目にも、それらの図形は非現実的、非日常的な図形としてみられるだろう。しかし、たとえば石器時代の遺物にジェット機と似た図形が縫い込まれていたとしても、我々はそれを現実の図形として受け止めるだろうか。おそらく、「過去に遡るほど人類の知識と技術は未熟になる」という“常識”に縛られている我々は、とりあえずそれを幻想的な図形の産物と解釈することで安心する。だが、グライダーのような模型が出てきたら、もはや幻想とは言い難い。ちなみに、木製のグライダー模型はエジプトのカイロ博物館の非公開展示品に現存している。この人造飛行機械について、いまひとつ情報を追加すると、7000年前のバビロニア人の法律『ハカルサ』に次のような一節があるという。

「飛行機械を操縦することは、偉大な特典である。飛行の知識は、天上の神からわれわれの先祖に与えられた最高の贈り物だ。神は多くの命を救うために、われわれにそれを与えた…」【1】

※【1】【2】……の数字は巻末の「参考・引用文献」の数字に対応する。

# 古代人の非日常的表現について

絵画、彫刻、焼き物、織物、金属加工、そういった手段によって昔の人々は無数の芸術作品を生みだした。それらは現代機械文明が生みだしたゴミ行き製品とは峻別されて、博物館などに保管されている。また現存する自然民族の生活の中で子々孫々使用されている。

それらの作品は、我々が図画工作で描いたり制作したりする作品と似ていても、制作される背景には数千年の開きがあることを忘れてはならない。

我々が単に楽しみや趣味の一つとして動物を描くことが出来るのは、文房具の店で画材が簡単に買えるからである。しかし自ら絵の具を自然界から得て描く行為の背景には、それなりの切実な必要があったと推定される。また、単に動物の絵を描くことについても、それなりの意味があったようである。殊に文字の代用として神話的信仰的題材を表わしたとされる作品にそれは多い。その場合、動物はしばしばシンボルとして描かれた。古代人の芸術作品の前に簡単にその動物の意味について触れ、そして関連した古代の作品例を掲げて考えてみたい。以下、動物、自然現象、道具の順で古代人の心を知るキーワードとしてのシンボルについて考察を試みる。

# 古代人の心を知るキーワードとしてのシンボルについて

## ●聖なるカーブ……牛の角

牛と人類は古来農耕、食生活、宗教行事で密接な関係にあった。古代エジプトにおける象徴としての牛は、犠牲に捧げられる聖獣であり、またアピス神は新月形の角の間に満月をはさむ姿の彫像である。牛の角は何故か神聖視された。大地母神ハトホルは頭上に牛角と日輪を頂く姿で表わされ、バビロンの月神シンも２本の牛角を持っている。牛が神聖視されたのは、どうやら湾曲した三日月形の角に原因があるようである。なかでも水牛は立派な湾曲した角を持っている。

○サハラ砂漠の「円頭人」と牛の角形の乗り物（左下）

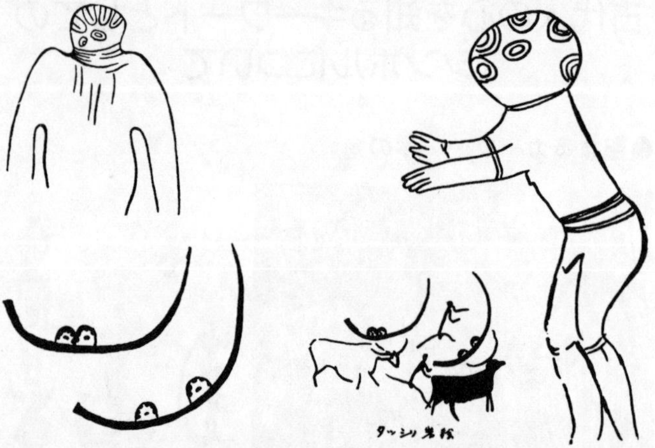


ロシアの作家カザンツェフ等が著わした『宇宙人と古代人の謎』に小説風の面白い対話が出てくる。以下に引用してみよう。二人が問題にしているのはサハラ砂漠の所謂「火星の神」と呼ばれた不思議な姿をした岩絵である。

……「空想というのは、経験に基づいているのです。これはマルクス主義の原則です。角と尾と爪をつけた悪魔は、非現実的なつくりものではなくて、だれでも知っているものから合成されたものです。角とヒヅメは山羊のものですし、シッポは別の家畜のもので、胴体は人間のものですよ。ちなみに竜だって合成されたものです。だからサハラ砂漠の岩の上に描かれた絵について論争が行われた時には……」

「そうだ、火星人だ」と詩人は叫んだ。
「空想の産物であることを忘れてはいけないよ」。
「これは古代人のものです」と考古学者は“火星人”の写真を脇へおしやって言った。「儀式の衣装を着た典型的な神官の絵です。頭にはすっぽり何かをかぶっていますが、昔これは南瓜《かぼちゃ》から作っていたらしいですね」
「おっしゃる通り儀式の衣装だとしましょう。しかし絵を描くことであれ、彫刻することであれ、衣装を縫うことであれ、たいした違いはありません。それは世代から世代へ語り伝えられた伝説じゃないんですか」と詩人がむきになってたずねた……。

サハラ砂漠一帯には、中石器時代からアラブが侵入する12世紀ころまでの１万年間にわたって描き続けられた岩面画が広く分布しているが、なかでもタッシリ・ナジェールの岩面画には謎が多い。上記の「火星の神」もその一つで、この奇抜な名称は発見者アンリ・ロート氏がつけたもので、学問的には頭の丸い人物像が描かれる時代ということで「円頭時代」の作品とされている。その姿は確かに異常である。通常の岩面画にみられる人物像が裸体に近い姿で描かれているのに、この像は頭からすっぽり覆う衣服を身につけており、その見かけはまさに怪人である。特に目立つのは頭部で、一つ目や髪の毛の部分に表現された葉のような造形は、ある種のヘルメットを着けた人物像を思わせる。これと似た別の像ではさらにその印象を強くする。そして、この頭部と同じものが空中に浮かぶ牛の角に置かれている図柄を見るに至っては、祭の仮装というような解釈では説明し切れない印象を強くする。特徴ある円頭が巨大な牛の角のような物体の上に２個置かれており、それが２つ描かれている。それらがいずれも牛の角の上部に描かれているところから、“空中”と解釈した訳だが、我々の感覚からすれば、舳先のそり上がったボートにヘルメットを置いた図である。あるいは胴体を省略してシンボルだけをボートに載せたのか？　1959年６月にニューギニア島パプア地区で目撃された空飛ぶ円盤とその上部に現れた人物も、輝く頭部だけが見えた感じの再現スケッチがみられる。牛の角の上に神像を置いた影像はスラウェシ島のトラジャ族の作品にもみられる。牛の角のような湾曲は古代人の崇拝を受ける何物かの代用なのだろうか。

インド最古の文献『リグ・ヴェーダ』ヴィシュヌの歌にこうある。「７、汝ら両神のましますところに、われいたらんと願う、角多く、弛むことなき牛群のあるところに。牡牛なす濶歩の神のかの最高歩は、光ゆたかに下界を照らす」。ここで「牛群」とは「おそらく星の群れを指す」と注釈されている。【2】

ところで、UFO目撃の中に“牛の角”と表現された例があるだろうか？

日本の古記録にそれらしきものがみられる。「元和五年

(1619年)夏から冬にかけて京都東南の空に毎夜白気があらわれる。形は牛角のようで、長さは数十丈におよんだ。」(大絵抄)

著者は1966年頃横浜で、この白気に近い現象を友人と共に目撃した。それは日没間近の青い空にあって両端が反り上がった船に見え、色彩は白で、ゆっくりと太陽を目指して移動していった。また、著者は1962年2月に凸レンズ形の白色物体が時折輪郭だけになる現象を目撃したが、この輪郭線が下側の線だけなら白色の角、あるいは両端の反り上がったボートになる。また、妻が札幌か

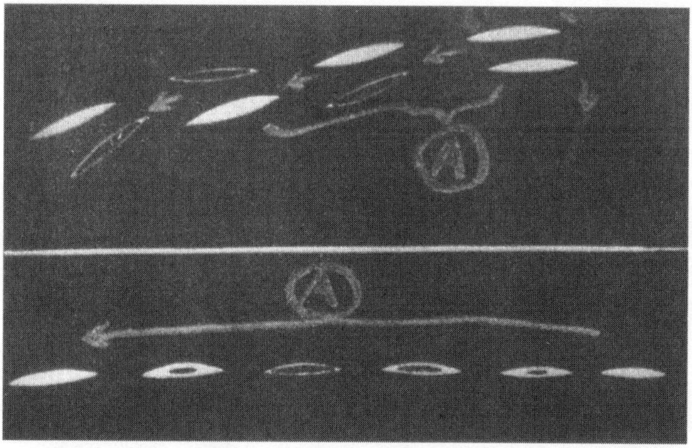

ら大阪に向けての機上より連続撮影した弓型の雲状UFOも、逆さまにすると牛の角のような形状である。両端が反り上がった形はしばしば神の乗る座として民俗芸術作品の中にもみられるが、その形の原形はもしかしたら、著者や妻のようなUFOの目撃経験にあるのかも知れな

い。いや、彼ら古代人は単に目撃しただけだったのだろうか。角や舟の形をした乗り物から降り立った人物と言葉を交したのではなかったか。それゆえに、その記憶が牛の角崇拝を生み出したのではなかろうか？

●速い乗り物……馬

象徴としての馬は牽引と騎馬に代表される。印欧語族では太陽神の乗る車を引く聖獣、死者の車を引く獣。また聖書にみられるような神の乗り物であった。天駆ける馬は翼を与えられて天馬になった。以下にその例を引用しよう。

○牽引の代表は日輪の車である。デンマーク、シェルラン島から出土したヨーロッパ村落文化後期の青銅で出来た日輪車は、日輪を象徴する黄金の円盤を６輪車に乗せ、それを一頭の馬が引いている。インドのコナラクにあるスーリア寺院は、寺院全体が太陽神スーリアの馬車を象《かたど》ったものである。

このような太陽のシンボルと馬車の結び付きは、太陽の運行を馬車にたとえた太陽崇拝文化の作品とするのが定説である。しかし、古代ペルシャの神アフラマズダが「昇降する速き馬に駕する日輪」とうたわれるように、馬の持つ駿速をテーマにした歌が多いのはなぜだろうか。つまり、現代の感覚では一見不動に近い太陽の姿とは重ならないのだ。むしろ、当時、太陽とは別に、太陽のように輝く神々の車が天地を馳せ巡っていた感を強くするのである。

リグ・ヴェーダ「サヴィトリ」の歌にこうある。「神は降り下り、神は昇りゆく。崇拝すべき神は、二頭の鹿毛を駆りてきたる。あらゆる困厄を駆逐しつつ」

またインドラはこうである「二頭の名馬ハリのひく戦車に乗って空中を馳せめぐり、アーリア人の仇敵を慴伏させるとき、天地は激しく震動する」

これはもう太陽の神格化とはいいがたい。強いて言えば雷の神格化だが、学問上でも「本源となった自然現象は明瞭でない」としている。[3]

自然現象に属さない、名馬のごとく空中を馳せ巡る太陽に匹敵する馬車があったようだ。

「……サヴィトリは、天地両界の間を進む。病患を駆逐し、太陽を導く。黒き靄をまといて天界に達す」。太陽を導くということは、太陽とは別の存在となる。注釈はこう述べている。「サヴィトリは必ずしも太陽と全同ではなく、日輪もまた彼の刺戟を受ける」[4]

「黒いカスミをまとう」とは、天体と黒雲が絶えず対になっている詩的な情景と解釈できるが、現代においては発光するUFOが黒い力場を伴って目撃されるという現象を連想させる。日本の奇談に空中の馬に乗る人の目撃がみられる。『街談文々集要』丙子の中に文化13年（1816年）7月17日の夜、江戸両国で馬に乗る狩衣の人と火の玉が多数の人々によって目撃されたという。果たして馬に見立てられた未知の乗り物なのか、その辺はわからない。

●空を飛ぶ物……鳥

「……鳥は天に昇るその姿により神の仲介者あるいは神の化身ともみなされる。とりわけ猛禽類のように強大な翼を持つ鳥は天頂の太陽と関連づけられる」[5]

空を飛ぶシンボルとして、鳥もまた太陽の車あるい神の乗り物を牽引する聖獣である。

○少し変ったところで聖書外典から引用してみる。「……そこでエバは天に向かって目をこらしていると、光の車が四つの輝く鷲によって（ひかれて）やってくるのが見えた」。

これとよく似た乗り物がリグ・ヴェーダ「アシュビン双神の歌」にみられる。

「一、汝らの車をして進みきたらしめよ、アシュヴィン双神よ、鷲に牽かれて飛び、恵みゆたかに、助けに富む車をして。そは人間の思想よりも速く、三座を擁して風のごとく疾走す、牡牛なす双神よ」

「二、三座を擁して三部に分かれ、三輪を有して軽快に走る車を御して進みきたれ。われらの牛の乳をみなぎらせよ。われらの馬を励ませ。われらの男の子を栄えしめよ。アシュヴィン双神よ」

「三、急速に下降し、軽快に走る車にありて、不可思議力ある双神よ、（ソーマを搾る）石の諧音を聞け。太古の賢者は、何ゆえに汝らを、困厄にもっとも速やかに馳せつくる者とは呼べる、アシュヴィン双神よ」

この歌に登場する“鷲の牽く車”とは、３つの部分に分かれた構造を持っており、もはや太陽と結び付けるのは無理がある。学問上でも「出発点となった自然現象は不明」とされている。[6]

古代インドの叙事詩『ラーマーヤナ』に登場する空飛ぶ車「プシュパカ」については、３つの部屋を持つ構造に翼をつけた形の影像がみられるが、アシュヴィン双神の使用する車の構造に似ている。

鳥は神の乗り物を牽引するばかりでなく、それ自体が乗り物のシンボルとなっている。ヒンドゥーの神、ヴィシュヌ神の乗り物は太陽の鳥ガルダである。また、シュメールの「エタナ神話」では、エタナが鷲に乗って昇天する。

アメリカインディアンの神話には「サンダー・バード」と呼ばれる特殊な飛行物体が登場する。これを伝えるクィラュト族によると、彼らに異常天候が襲って飢餓状態となった時、このサンダー・バードが生きた鯨を運んできたという。それゆえ民族は絶滅の危機を免れたのであった。

アラスカのハイダ族の伝えるサンダーバードは大洪水後の世界を訪れて神の仮面を脱ぎ、国土の再建を援助したという。

■サンダー・バード物語

北米インディアンのクィラュト族に不測の災難が襲ってきた。異常な天候が続き、食物となる魚や作物がとれなくなり、一族は連日のように餓死していった。この様子を見た一族の酋長は、部族の全員を集めて呼びかけた。「もし、かなえられるならば、いまいちど、われら一同、宇宙の大いなる方にお願いしようではないか。それで何ら救いが来なければ、われら部族の死は、宇宙の意志だと考えよう」

……こうして彼らは真剣に祈った。その祈りが終った時、酋長は一同に向かって言った。「今、われわれは宇宙に心からお願いした。幾百千年の間、われらを援助して来られた英知と権威に満ちた方の心を待とうではないか！」インディアンたちは待った。誰一人口を開く者はなかった。辺りは暗く静かだった。

やがて天空に閃光と鳴動とを聞いたインディアンは、もう一つの音、即ちブーンと何物かが回転する深い音を聞いた。それは落日の方からやって来た。海の彼方に眼を向けた一同は、巨大な鳥の形をした物体が飛んでくるのを目撃した。翼長は彼らのカヌーの約2倍はあったし、驚いたことには眼は炎の如く閃き、腹には一匹の巨大な生きた鯨を懐《いだ》いていた。周囲は依然として静かだった。私語する者もなかった。彼らは自分たちの名付けたサンダー・バードが、一同の眼前に注意深くその巨鯨を降ろすのを見守った。サンダー・バードはやがて空高く舞い上がって消えていった……。

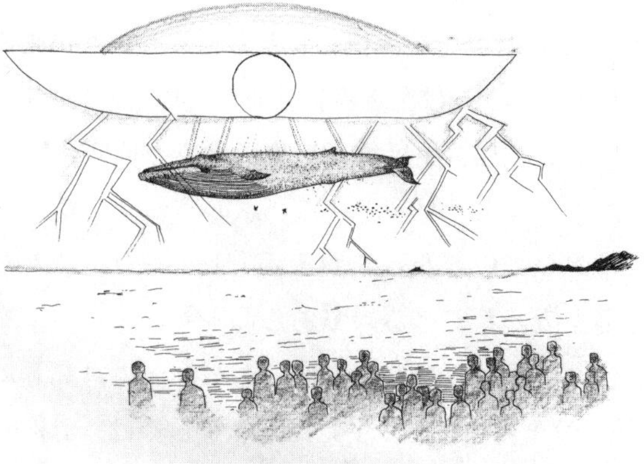

神の仮面を脱ぎ、素顔を見せて「私はお前たちと同じ人間だ」と語るサンダー・バード

●ジグザグと蛇行の表現……蛇

日本の伝承における蛇とは、古くから神霊の化現とみなされ、その行動を神聖視したと考えることが出来る。[7]

ヘビのシンボルは全世界に分布している。「アメリカの神話においては、蛇は稲妻を象徴すると同時に、一方ではまた水の象徴となっている。水のうねりが蛇の体の動きによく似ているからである」。[8]「……蛇は火のゆらめく姿を表わしているのである」。[9]

○古代メキシコの神の代表格、クェツァルコアトル神は「翼蛇」つまり「羽根の生えた蛇」もしくは「羽根の生えた杖」を意味する。くねくねとした動きに翼を持たせて、神の特性を表現しようとした彼らなりの努力の背景には、神の使用したジグザグ飛行の宇宙船の目撃体験が存在したのではなかろうか。また、とぐろを巻いた蛇は螺旋形を表わしているが、台湾原住民の神像の頭上に三角の模様を持つとぐろを巻いた蛇が刻まれる。

オーストラリアのアボリジニにとって、とぐろを巻いた蛇と虹は同一視される。彼らにとって、虹は神のもとに行く手段である。このような神話のテーマも、やはりジグザグ飛行をするUFOを蛇に見立てたのではないか、あるいは蛇の円弧と空の虹を連結させて昇天の道具である飛行物体を表現しようとしたのではないか、という推理が頭をもたげて来る。虹は空にかかる橋のような形をしているが、空の物体を表現する上では格好のモデルである。次に自然現象の場合をみてみよう。

## ●空の橋と船……虹

神話においては、虹は天と地を結ぶ通路として、神々によって造られた橋とされ、北欧神話では、世界の終りの時まで、ヘイムダルという神がその番をしている。[10]

大洪水を箱船で逃れたノアは、漂着したアララト山で神からの啓示を受ける。それは空にかかる虹もしくは弓である。神はノアにこれを示し、人類と神の契約の印としたと旧約聖書創世記は記す。

神の道具として、契約の印として、虹の神話的役割は多彩であるようだ。

○北米プエブロ族は神話的祖先カチナたちが毎年冬になると虹の橋を渡って降りてきて、彼らのあいだに滞在すると信じており、ナバホ族も、虹を神々の旅の通路とみなしている。[11]

セレベス島の山中に住むトラジャ族は、彼らの祖先たちがスバル座から「稲妻によって力を受け、虹の橋を渡って」やってきたという。彼らは祖先を遠い宇宙から運んできた船を思い起こすためと称して、現在も竹と藤で編んだ大きなアーチ形の家を建て、そこに律動的な螺旋模様を描いている。[12]

●神の乗り物……雲

聖書における雲は神と深くむすびついている。すなわち……「雲は神の臨在の場所またはその象徴である。(出エジプト19:9、33:10、詩編97:2等)。神の輝かしい威光を覆うものとされる(出エジプト19:16等)。神は雲の中から語り(マタイ17:5)、昇天のイエスを受け(使徒行伝1:9)、さらにイエス再臨の乗り物として(マタイ24:30等)、詩人は雲を神を乗せる戦車として歌っている(詩編18:11)。[13]

○20世紀の空飛ぶ円盤事件発祥の地として知られる米国ワシントン州レーニア山は、インディアン名で「タコマ山」と呼ばれる。この山にまつわる伝説に、雲が人々の避難場所として語られるのでざっと紹介しよう。これはスクワミッシュ族の神話である。

「昔々、この世の始め、タコマ山に"偉大なる精霊"が住んでいた。彼は人々や動物たちが悪心をいだき、多くのいやしい事をしていることに怒り、善良な男の家族と良い動物だけを残して滅ぼすことを決めた。彼は善良な男に、タコマ山に低くかかる雲に矢を射るように言う。男が矢を射ると、矢は雲にささった。さらに矢を射るように言われた男が矢を射ると、それは前の矢のうしろにささった。男が"偉大なる精霊"の命ずるまま次々と矢を射つづけると、各々の矢はつながって一本の長い矢のロープとなって雲から地上に下がった。“偉大なる精霊”は男の家族と善良な動物たちに矢のロープをよじのぼって来るように言う。彼らが矢のロープを昇り始めると、その下から悪い動物やへびどもが昇ってきた。それで善良なる男は近くの矢をはずしてロープを切った。すべての悪い動物たちとへびたちが山の斜面を落ちてゆくのを彼は見ていた。“偉大なる精霊”は善良なる人々と動物の安全を確かめると大雨を降らせた。雨は幾日も幾晩も降り続き、地上の水は山の雪線までのぼり、その時にはすべての人々と動物がおぼれてしまっていた。“偉大なる精霊”は雨を止め、やがて水が引いた。彼らは雲から降り、“偉大なる精霊”は彼らを新しい住まいを建てる場所に導いた」

通常の雲は水蒸気であり、人が乗ったりは出来ない。しかし、現代のUFOによく見られる雲に包まれた、あるいは水蒸気に囲まれた飛行物体ならば人の搭乗は可能であろう。イエスが乗って再臨するという天の雲も然りである。

### ●神の声(拡声器）の表現……稲妻(雷）

雷の諸現象のうち落雷は古代人には神の怒りの表現として恐れられ、早くから雷は崇拝の対象とされた。[14]

雷には強烈な光と轟音、そして落雷には破壊が伴う。現代のUFO現象が、球雷あるいは球電という球状雷を想定して説明されたりするほど、雷とUFOの接点は多く、また一方、シナイ山の麓に集結したイスラエルの民が神を見ると濃い雲の中に雷と稲妻が見えたとか、アイヌの神オキクルミの乗るシンタに轟音が伴うとか、あたかも「神」とは雷という自然現象の神格化であり、「UFO」とは雷現象の誤認であるという解釈を成立させるような内容はかなり多い。

現代UFO事件とは「無音」がUFOの特徴であるように、終始無音で活動するというUFO報告が多いことから、UFOは現代航空機とは異なる原理で空を飛行しているのではないかという推測の根拠になっている。しかし、何故か古代のUFOは人々を威嚇する目的か、存在感のアピールか、はたまた地球環境の違いからか、サンダー・バードのように飛行物体の性能として雷の要素が付随している。神と雷の接点は現象面の類似にあるようだ。

「神は、かみなりをもって、彼に答えられた」(出エジプト 19:19)

「(天使が墓石の上にすわった時)その姿はいなづまのように輝き」(マタイ 28:3)

「すると天から声があった。……群衆がこれを聞いて“雷がなったのだ”と言い……」(ヨハネ 12:29)

これらを実際の雷とすると、聖書とは雷による幻聴から生まれたことになる。しかし、自然現象としての雷には、正義の概念を放出する人為的な要素や物を運搬する能力はない。神を乗せた雲の柱や鯨を運んだサンダー・バードや人を乗せて飛行するシンタは、その物体が何らかの理由により轟音を発したことが雷と結び付けられた原因になったと考えられる。古代において大きな音は雷に例えて表現されたのであろう。「七つの雷がおのおのその声を発した」(ヨハネ黙示10:3)。これは案外「7器のスピーカーがおのおの声を発した」と現代風に受け取るべきなのかも知れない。

### ●真昼の輝き……太陽

写真やビデオのない時代の人々が超自然的な出来事を最大限の表現を駆使して伝えようとする時、彼らの自然環境の中から最も適切と思うものを選んで用いることは当然であろう。空に現れるものならば、空にあるものをもってきて、当てはめるのが近道である。そして次のような文章が完成する。

「わたしは、もう一人の強い御使が、雲に包まれて、天から降りてくるのを見た。その頭に、にじをいただき、その顔は太陽のようで、その足は火の柱のようであった」(ヨハネ黙示10:1)

「雲」も「虹」も「太陽」も天空に見えるものである。太陽のような顔とはどんな顔のことを言うのであろうか。1917年ポルトガルのファチマで天から降った貴婦人と会見した牧童の一人ルチアは、貴婦人の顔について述べるように言われた時、ただひと言『ひかり』としか言えなかった。
また「……蓋の縁かけて差し覗く神々しい顔ばせは、今しも差し出づる日輪のかがやかしさ」と詩うのはアイヌ文化神オキクルミについて伝える『オイナ』の一節である。
ここに形容のシンボルとして引用される「太陽」は、まず人格があって、それに添付された表現である。決して太陽を人格化したものではない。
考古学上では、顔の周囲に光線のような放射状の線刻をもつ人物を「太陽神」と命名するが、「オイナ」や「黙示録」の記述と同じ現象を見た古代人によって、そのような表現が成されたかも知れないという推測が成り立つ。古代と現代の中間に位置するかのような1917年ファチマの太陽奇跡事件はきわめて示唆に富んでいる。
1917年10月13日正午すぎ、ポルトガルのファチマにおいて天から降下した貴婦人は、3人の牧童の前に出現した後、「太陽を指すような手ぶりをしながら、太陽の方へと昇って行かれた」[15]
所謂「太陽崇拝文化圏」は天体としての太陽を賛美し、その恩恵と輝きの中に神の姿を想像した古代人の信仰という解釈が定説化している。しかし、その研究者のなかには、天体としての太陽とは別に「太陽の息子」がいて、それが無限に巡回し、移動していく間に、あちこちに太陽崇拝と文明の本質的な原理を広めていった、との極論もある。[16]

では、「太陽の息子」とは一体何者なのか？　ということである。現代においては自然現象にも地球の航空機にも所属しない未知の飛行物体UFOが全世界を巡回（というよりも出没）していく中で、UFO研究文化村とも言うべき小さなグループが無数に誕生している。現代ではUFO崇拝文化圏とは言わないが、太陽崇拝もUFO研究文化も同じ地球上に芽生えた「空からの刺激によって世界に広まった文化」であることにおいては共通している。

UFOと太陽が何らかの理由で密接に関係していることと、空からの神が太陽の色彩に似た発光を伴っていること、殊にその顔が太陽と比較して語られること、太陽から来た、あるいは太陽に帰還するといった見かけ上のむすびつき、そうした事が「太陽神」の出発点に含まれることが推測される。

中国雲南省の岩絵の中に、太陽から現れる、あるいは太陽を背にした弓と作物を持つ人物がみられるが、太陽と関連づけられた文化神の雰囲気を漂わせている。

### ●夜の輝き……金星

金星は現代において、しばしばUFOの誤認例として引き合いに出される。空に見える星の中で最も輝きの強い天体で昼間も見えるからだ。メキシコのナフア族の伝えるクェツァルコアトルの最期は、自らを薪の山に横たえて燃え盛る炎の中に灰となり、心臓だけが残って火の中から空中に舞い上がって上昇し金星となったという。この神はマヤ族のククルカンと同一視（両者とも羽根の生えた蛇を意味する。つまりクェツァルコアトルという言葉がマヤ語に翻訳されたものである）。

メキシコのパレンケにある「碑銘の神殿」地下で発見された石棺の蓋のレリーフは下から炎を噴き出して垂直上昇する容器に入った人物、あるいは炎に焼かれて昇天する王（パカル王といわれる）を表現しているが、焼かれて昇天する人物だとすると、上記のクェツァルコアトルを連想する。キリストが十字架で死ぬように、古代メキシコでは炎に焼かれて死ぬのが王の理想であったのだろうか。

しばしば現代のUFOは、目撃者からの見かけ上、金星のそばを通過することがある。太陽面もUFO飛行の背景となる場合がある。

### ●旅立ちの乗り物……舟・船

「世界各地で、海の彼方には他界や彼岸があり、神々や死者、または霊魂が住むと信じられており、舟は他界への導き役や墓地の象徴ともされる」「船に乗った不思議な使者を祝う祭礼は、ヨーロッパの各地にみられる」[17]

神の乗り物の代表が船である。いわゆる「太陽船」という通常太陽の運行を表現したとみられる太陽のシンボルあるいは輝きの形を乗せた船は世界的分布を示している。この船は死者の魂を霊界に運ぶ乗り物と同一視される点、日本の装飾古墳に顕著である。

古代オリエントにおいては、BC2360～2180頃のアッカドの印章にボートに乗る太陽神シャマシュが描かれ、そのボートはエアと思われる神によって曳かれている。【18】

ロビン・コリンズによれば、古代エジプトの「ヌーのパピルス」の9、17、20枚にオシリス神が聖なる船に乗っているところを記述しているという。

「……その船は、暗闇のなかを太陽のごとく昇りながら、天をあちこちと走りまわる」「オシリスは炎の船に乗ってやってくる」【19】

ニュージーランド生まれのロビン・コリンズは、英国の博物館を中心に資料収集を行ったとの事で、よくみられる他の研究者からの焼き直しではなく、考古学上の直接の資料を引用しているようなので、重要に思われる。「輝く船」の直接的な描写とみられるポナペ島の岩に刻まれた「船団」は、その帆に当たる部分に「輝き」を示す図形を載せている。まさに炎の船である。太陽船思想も、輝く船の目撃が出発点となっていたのかも知れない。

## ●回転する物体……車

「車、車輪ないし輪をかたどった図形は、円、十字、卍などと並ぶ最も古い普遍的な象徴表現の一つと考えられ、石器時代の洞穴に、おそらく呪力的、宗教的な意味をもつものとして描かれているのが発見されている。これらは天体の運行を示す太陽とかかわる図形で、生命、宇宙、完全、中心、循環、永遠、光明などを表わしたものと思われる」【20】

“呪力”“呪術”“宗教的”“祭事”という言葉で表現される、我々現代人の認識から外れたとみなされる過去の人々の動機や行為とは、我々が過去の世界に身を置かなければ真の意味で理解することは困難だろう。一口に古代人といっても、民族の特質、環境の違いによって、見たもの体験した事の表現や記述には大きな差がでてくることは当然考えられる。考古学上の遺物と化したそれらの「結果」は、永い歳月を経て朽ちずに残った物体であって、当時のすべてではない。

海のない広大な大陸を、牛馬や車を主体とした移動手段で生活していた人々にとって、乗り物とは家畜であり車であった。その彼らが空中の乗り物を目撃したならば、家畜や車を引用した表現になったであろう。それは、現代の我々が空中に妙なものを見て、皿やボールの形に例えるのとは少し違う。我々にとって、UFOは「空中の訳のわからないもの」であっても、過去の人々は「神の乗り物」として信仰に近い心理で見つめていた事実が前提にあったならば、当時の人々の見ているのが未知の物ではあっても、それを神のあるいは超越者の所有する実体を見ているのだ、という意識で語り合っていた状況が考えられる。

さて、少し横道にそれるが、地球という天体に置かれた人類という種は、畑に植えられた作物のように例えられる。「あの娘はどこそこの産だ」という言い方は、土地と人物の結び付きを認めた意識から出たものだろう。

聖書の神もこれについて述べているようだ。「イザヤ書」28章24～29節には、農作物を民族に例えたと思われる言葉がみられる。「地を耕す」という表現は、民族大移動に例えられるだろうか？

別な土地に別な種を植えるのが、民族の移動である。よく知られているように、イスラエル人、アーリア人、フン族など様々な民族移動が起こったが、イスラエルとフン族のそれを促したのは、彼らの神話によると神であったという。

アーリア人はB.C.1500年頃インドに侵入し、原住民を征服して新しい文明を築いた。

「インド・アーリア人がいかにしてまた何故に、アフガニスタンからヒンドゥークシュ山脈の嶮を越えて、インダス河の上流パンジャーブに到着したかはわからない」[21]

民族移動について、かりに彼らの神の関与があったとしても、文献上では痕跡がないようである。

その文明がもたらした文学の一つが「リグ・ヴェーダ」で、インド最古の文献といわれ、B.C.1000年頃までに成立した。

インド・アーリア人の軍隊は軽快な戦車を駆使した。つまり彼らは我々現代人にも似た「車社会」の住民であったと言えるだろう。

「リグ・ヴェーダ」の言葉は「輝く」とか「天」の意味の単語が起源のようだ。[22]

そこに登場する神々は人間になぞらえている。問題は神々の駆使する空中の乗り物である。

「二頭の名馬ハリのひく戦車に乗って空中を馳せめぐり、アーリア人の仇敵を慴伏させる時、天地は激しく震動する」というインドラ神についての描写は「速き馬に駕する日輪」と詩われたアフラマズダの描写と類似している。「リグ・ヴェーダ」の神々は一般に自然現象や太陽などの天体現象がもとになっていると解釈されているが、アシュヴィン双神については「出発点となった自然現象は不明である」[23]とされている。たとえば次のような歌である。

「一、汝らの車をして進みきたらしめよ、アシュヴィン双神よ、鷲に牽かれて飛び、恵みゆたかに、助けに富む車をして。そは人間の思想よりも速く、三座を擁して風のごとく疾走す、牡牛なす双神よ」

またウシャス神の歌の一つ「彼女は〔馬を〕繋ぎたり、遠方より、太陽の昇るところより、百の車輌もて、幸多きウシャスは、人間に向かいて来たる」[24]

多数の車輪を持つ天駆ける車は、コナラクのスーーリア寺院に形として残っている。一方、ヘブライ人の神話、つまり旧約聖書にも神の車輪が登場する。よく知られている「エゼキエルの幻」は、空中より飛来した不思議な物体の中にみられるもので、「其の輪の形と作りは黄金色の玉のごとし、その4個の形はみな同じその形と作りは輪の中に輪のあるがごとくなり」という複雑なものである。

外典「モーセの黙示録」には「（万）軍の主は（車に）乗り、風が彼（の乗る車）をひいた」[25]とあるが、ヘブライの最も古いコインに翼のついた車に乗るエホバ神（つまり万軍の主）が刻まれている。

“空中の車”ないし聖なるシンボルとしての車の図形は自然民族の意匠にも多い。シベリアのシャーマンの太鼓には、頭上に車輪の形、その下の人物の頭には太陽のような車輪と同じ力を受けている光線の放射が表現されている。[26]

やはりシベリアのウデヘ人シャーマンの衣装には、2つの太陽の象徴とみなされている車輪状の図形に乗る人物を表現している。[27]

日本の絵巻き物にも、空中の車輪として「七福輪」や

「炎の法輪」[28] などがみられる。車輪とは、回転する物体である。英国の考古学者デスモンド・レスリーが寺院に残る写本などから収集した未知の空中現象に関するリストには、「車輪状の物体」がみられる。[29]

また、近年では1950年4月24日にスペインで雑誌のカメラマンが回転する空中物体を撮影した。それは、回転を示す5本ほどの炎状の気流が、巴《ともえ》型あるいは渦巻き星雲のように湾曲して噴出している発光体を示しており、このような状態を目撃したら車輪に例えて表現するのではないかと思われる。

### ●神の武器……弓

世界最古の物語の一つ「カナアンの物語」に「天の弓」という女神の武器としての弓が登場し[30]、「……弓が天に現れているかぎり、地上ではすべてがうまくいっているが、〈狩人〉が〈落ち〉、弓も落ちた時にはね日でりの季節に入る……」との解釈がなされている。ここで弓とは、星座の一つとされているようだ。旧約聖書創世記に登場する弓は虹と同一視される神の下す啓示である。ノアの大洪水の後、神は天と地の契約の印として雲の中にこれを示す。

20世紀現代において、著者はこの「雲の中の弓」のような現象を少なくとも4度見た。それが神話上の弓と同一か否かは確認のしようがない。古くは1965年6月24日と1966年6月24日の白昼、場所はアイヌの聖地ハヨピラである。前者は白雲の中に2本の黒いややカーブした正に弓といったもの。後者は刻々と変化する雲の中に不動のまま静止する茶色がかった円弧、やはり弓を横にした形で、人工的な形状に思えた。友人がカメラを向けて何枚も撮影し、後日それを見せてもらった。確かに見た通りのものが写っていた。小さいが黒っぽいドームの輪郭線のように見えた。私はまた、1964年2月14日夕刻に凸レンズ型の輪郭だけになったUFOを目撃したが、この輪郭の上半分はまさに弓型である。こうした事実から、古代でも実際に私が見たような弓型のUFOを目撃していたのではないかと推測される。しかもそれが特別な意味を持つという認識から神話に採用されたのではないか。弓とはオーストラリアの神話におけるブーメランに酷似している。ブーメランに乗って遥か彼方に去ったジャーニーの話[31]、地上を去ったブーメランは今も星の銀河にあるという話[32]など、単なる飛び道具としてよりも、ある種の乗り物として描かれている。

# 第4章

# 宇宙秩序の中の天空人

## 宇宙の意志とは何か？

目を宇宙の星々に向けてみよう。無数の星雲を形成するほとんど無限に近い数の恒星も、最近のハッブル望遠鏡による惑星系発見から推測すると、おそらくは生命を持つ惑星が無数に存在すると思われる。恒星も周囲を公転する惑星も、宇宙の立体的な世界での運行という面では整然とした秩序の下にあるが、同様にして、宇宙における生命世界を貫く倫理もしくは法則というものはないのだろうか？

もし、宇宙に普遍的な法則があり、それがあまねく伝達されねばならない「宇宙の意志」もしくは機構が存在するとしたら、普遍的法則の伝播はどう行われるだろうか。仮定の上に仮定を重ねているように思われるかも知れないが、50年以上も続いているわが地球世界上の客観的なUFO現象という現実を直視するならば、宇宙空間に点在する知性的要素のお互いの関連性という課題を避けるわけにはゆかないのである。我々は科学知識の基盤に立ち、宇宙の星は何万光年という距離でお互いを隔てているから、出会う確率は極めて低いという結論を受け止めている。しかし、この距離と時間を解決している種が、宇宙の普遍的法則の知識を携えて、それを会得した先駆者として、自分自身が恒星間を移動し、その一派が地球にも到達しているとしたら、人類の道徳律からも、いわゆる「UFO飛来の目的」が納得できるものとなってくる。

げんに、地球世界でさえ、伝道という無私の行為が存在した。また通常の文化の担い手たちは、我々の住む球面の世界にも数多く確認されている。現代においても、様々なネットワークによって知識、情報と伝達と生物・物品の移動は活発に行われている。

## 宇宙の知的生命は我々と同じか？

はたして、宇宙という広大な空間にも、そのようなシステムがあるだろうか？　そのような交流、あるいは伝播には、言語、形態、動機の一致が不可欠である。我々は犬との婚姻を執り行う事は出来ないし、蟻と文化交流パーティーを開くことは出来ない。種が異なるからである。愛玩や家畜、食料としての異種はまた別の問題である。我々は我々の形態の起源について確かな知識はない。ただ、宗教的な神話には「神の似姿として創られた」という言葉があるのみである。神が我々のモデルであると過去の人々は何者からか教えられた。ならば神の起源はどこか？

最近の疑似歴史書には「神とは宇宙から来た宇宙人だ」という説がみられる。神が我々の姿のモデルだとすると、我々の姿は神の姿に近いということになる。

宇宙から来た神が、宇宙にあまねく生息する知的生命の主流だと仮定すると、宇宙にはそうした形態の知的生命が多数存在することになる。そうした神々から見たら、我々は「出来損ない」だとか、「未完成」だとか「不良品種」だとかに分類されていても奇妙なことではない。

人間の形態が地球固有のDNAの結果ではなく、宇宙にあまねく貫かれる力学的な法則の結果によって生まれた遺伝情報の産物だとしたら、普遍的な宇宙の運行に伴う普遍的な現象として理解できる。言葉を変えれば、水素原子は宇宙の果てでも同じ水素原子であるということだ。

宇宙や自然を理解しようと頭を働かせている人間という生命は、太陽という一個の恒星から生まれたものである。つまり、地球を生み出した太陽には、我々が宇宙について思考を廻らせる生物活動の原材料があったのである。その恒星としての太陽も、単独で宇宙に生まれたものではない。こうして考えると、天体の上に生じた人間思考の材料は、恒星と恒星を結ぶ力学的なネットワークによって宇宙の中心から運ばれたのではないか、という夢想が頭をもたげてくる。

## 宇宙真理を会得する太陽ネットワーク

その宇宙規模のネットワークを想定すると「太陽崇拝」は意味がある。つまり、太陽に向かっての崇拝行為は、たんに生命を育くむ熱光線だけではなく、太陽から発散される「知の源泉」をも享受しようとしたことになるからである。その「知の源泉」とは神々のモデルになったさらに巨大な存在に直結しているのかも知れない。そこらへんは、もはや我々の思考の及ぶところではない。少なくとも、自分たちが地球に独立して発生したのではなく、宇宙創世の巨大な機構の片隅において宇宙の普遍的要素としての生命形態を獲得したという認識に落ち着くのである。

ここでは蛇足になるが、宇宙に対するこの最も自然で無理のない認識は、UFO情報世界における無数の雑音を排除して、純粋な事実としてのUFOに指向する素養を発達させる基礎となる。

## 神々と文化英雄は<br>地球の外から来たのか？

繰り返すが、人類はいつの頃からか親から子へ、子から孫へという具合に口伝えによる物語りを持つようになった。殊に文字というものが発明されていない地域における口承とは、民族の宝として大切に扱われたようである。物の起源や民族の起源などをそれらは伝えているが、中でも「神」や「英雄」についての物語りは世界共通のテーマといえるものである。その物語りは自分たちの素性や様々な生活の中での教訓を学ぶ上で重要な位置を占め、祭行事や民俗芸術作品に反映されていることが多い。

我々現代人は、それらを単に自然民族固有の伝統としてしか見ていないが、物語りの中には旧約聖書の物語りを思わせる壮大なドラマも見い出され、広い地球という天体の上で、何故にこうしたテーマの共通性がみられるのか。誰しもが思いつくのは、多くの栽培植物の場合もそうであるように、地球上のどこかに源があって、そこから民族移動や冒険的個人の漂流などによって、他の地域へと伝わるという考え方である。植物や道具と共に言葉や物語りも人の移動に伴って伝わることは自然である。

しかし、世界各地の神話伝説を比較してみると、それらはどこかに源があって全世界に伝播したというよりも、それぞれは似てはいるが、独立した固有の源を持っているようにみえる。

つまり、各々の民族の祖先に特別の事情が発生し、その事件によってその民族が重要な教訓や恩恵を得たことで物語りが発生したのではないか、と考えられるのである。

## 神々と預言者は宇宙から来た

「大昔の神話や伝説をふりかえってみると、大洋や砂漠に遠く隔てられた世界各地の国々に伝わる話に奇妙な一致がみられることに気づく。この様な民族神話の類似性は、遠くはるかな昔に他天体の知的生物が地球に来訪したことを示すものである」(1930年ツィオルコフスキーの弟子ニコライ・リニン）という主張は単純すぎるかも知れないが、「天」つまり空中に住むと思われていた超越者と古代人がかかわるという現代人にとっては空想的としか受け取れない物語りが、どうも実際の出来事の反映ではなかったか、とする可能性が真面目に検討されてきている。空中から来る人格は、当時の人類がまだ持たない力と英知を携えている、という点でほとんど世界中が一致しているが、それゆえ、こんな考え方が科学者からも提出されているのだ。

旧ソ連の天体物理学者ヨーシフ・サムイーロヴィッチ・シクロフスキーは1962年に発行された『宇宙・生命・理性』（邦訳「宇宙人！　応答せよ」東京図書、1968年刊）の中で、やはり旧ソ連の学者Ｍ・Ｍ・アグレストが1959年に発表した基本的な考えを紹介している。次のような内容である。

「他の惑星人がかつて地球を訪問し、地球人と出会ったならば、このような大事件は伝説や神話に必ず反映されているはずである。当時、地球に住んでいた原始的な人間にとって、これらの宇宙人は超自然力をもった神のような存在に見えたに違いない。これらの不思議な生物は、おそらくは再び《天》にもどっていったであろう。そして神話のなかでは、この《天》が特別な意味を与えられたにちがいない。また、これらの《天上の人々》が地球人に手先の仕事や、ときには科学の基礎知識を教えたということも考えられる。これもおそらくは伝説や神話のなかに反映されているにちがいない」

現代の常識で考えれば、神話世界に共通する空の上に関係した物語りとは、古代人の空想やロマンのたぐいであるという解釈が妥当であろう。しかし、現代の謎あるいは課題でもある、未確認の空中飛行物体や地球外知性といった地球と宇宙空間を取り込んだ視野を想定すると、古代の神話と現代の神話とされる「UFO・宇宙人」が同一の対象を扱っている状況が理解されてくる。

比較神話学の課題を古代世界という地理的な水平方向だけでなく、過去と現代という時間軸をも取り込んで比較したら、どうなるだろうか？　この試みは“現代神話”の体験者の証言が必要になる。つまり過去においては「天上の神々と対話した人々」だが、現代においては「天上の神秘的現象と出会った人々」となるわけである。この両者を同一線上で比較する試みに異議を唱える方はおそらくはいないだろう。なぜならば、両者とも「未確認の世界」における出来事であり現象であるからである。

## 神を迎えるための準備は こうして始まった

時間と距離を超越して天空の一角から地球に到達した神々は、人類の幾世代にわたって代理者を選んで接触し、法典（戒律）の授与、民族移動の誘発、神殿（或いはピラミッド）建設の指示、それまでにない技術あるいは知恵の伝授などを行った。それが後世、記念物や証拠として広く知られ、また永く人々に語られることとなった。

最近の例では世界で唯一、宇宙の代理人が主宰した日本のUFO研究団体がアイヌ聖地に太陽ピラミッドを建設したし(著者もこの建設工事に参加した)、ポルトガルのファチマで3人の牧童の所を訪れた天からの貴婦人は、1917年10月13日正午、10万の観衆に太陽の乱舞を目撃させた直後、「私の栄えのために、ここに聖堂を建ててほしい」と牧童に述べている。[33] 聖堂は後に完成した。

宇宙から来たと考えられる超人的な洞察力と能力を持つ人々は、選んだ相手の能力や状況を把握しており、メッセージや愛の言葉といった曖昧なものではなく、具体的明確な自己表現と情報の伝達を行い、行動の主体は人類側にあることを述べて、代理人の実行に際しては具体的な援助を行った。それらの多くは代理人を民衆が支持するように、目に見える空中の奇跡である彼らの宇宙船の出現を初めとして、敵を打ち破る方法や、それまでの地球の技術では製作できない特殊な機械の製作・供与に及んでいる。

宇宙から選ばれた代理者は、同胞を宇宙の意志に沿って正しく導くための行動規範の制定をしなければならなかった。その知恵の源泉に例えばシュメールでいう「ディンギール」つまり超人と訳される宇宙からの知性がいた。

世界最古文明といわれるシュメールのウル第３王朝創始者ウル・ナンム王は、殺人、盗み、性犯罪、離婚、婚約不履行、傷害、偽証、農地の荒廃など重要問題に関する法律「ウルナンム法典」を発布した。その序文には、シュメールとアッカドの支配権を得たウル市の主神ナンナルの命を受けたウル·ナンムが、異民族支配を一掃し、さまざまな不合理を正して社会的弱者の保護に努めたことが誇らかに叙述されている。[34]

これは現代20世紀の話ではない。紀元前2100年ころの出来事である。現代と違うのは、奴隷と自由人の身分が明確で同じ罪でも身分により償い方が違っていたことだ。さて、ウル・ナンム王は巨大建築物ジッグラトの建設を行った人物として知られる。

## 王権は宇宙から授与された

ジッグラトにはいろいろな名前がある。「天と地を結ぶ家」「山の家・嵐の山・天と地の絆」「頂きが天に達する神の家」「天と地の基《もとい》の家」などである。いずれも天と地を結ぶという点で共通している。これはシュメールの王名表にもあるように、天から降下する神のために用意された施設と考えられる。【35】

王名表には「王権が天から降って、まずエリドゥにあった。エリドゥではア・ルリムが王となり、28800年統治した。アラガルは36000年統治した。大洪水が地を洗い流したのち、王権が天より降り、それはまずキシュにあった。キシュは戦いで敗れ、その王権はウルに移された。そこでは日神ウトゥの子、メス・キャグ・ガシェルが王と大祭司を兼ね、324年統治した……」と書かれている。【36】

「王権が天より降る」とは一体どのような状況なのだろうか。上記の文を読むと、「王権」という特別な物体があって、それが地に降り、また移動される、という光景が目に浮かぶ。王権を持った神とは思えない。王権を示す特別な印章なのだろうか。あるいは古代日本の支配権を表わす三種の神器のような道具なのだろうか。

古代西アジアに広くみられる粘土版や円筒印章の図柄を見ると、いくつかの独特のシンボルが目に止まる。まず、先のウル・ナンムだが、彼のジッグラト建設記念碑に王が神の導きで土木工具を背負って建設に出発する場面と、神が王に輪と棒の道具を渡しているレリーフがみられる。この神が王に手渡す輪と棒の形は多くの粘土版碑文にみられるものだが、これを「神々が普通手にする魔力を持った輪と棒」と解釈【37】したり「王に測量綱と測尺とを渡している」と解釈【38】されている。通常、国土の測量とは支配者にとって重要な仕事であり、また神の命令を確認するための道具として必要であったと考えられる。旧約聖書創世記第15章に神がアブラハムに土地を与える契約が出てくる。古代オリエント世界では王権は神から与えられるもの、土地は本質的に神の所有であるという考え方が行き渡っていた。従って、神が示す土地を確認するためには測量道具は王の必需品となったであろう。

## 王権とはいったい何か？

次によくみられるシンボルは、円と三日月の組み合わせ、円盤に星の形を収めた形、翼のついた太陽の象徴らしき図形である。これらはいずれも空中にあり、まさに天に所属することから「王権天より降る」にふさわしい位置にある。また、翼のついた円盤は「有翼太陽円盤」とも呼ばれるが、それがある種の乗り物で、神々の専用物であるかのように、１人あるいは３人の神が乗っている場面がみられる。

「ウル第3王朝以降、太陽神は円盤の中に星形を描いたものによって表現されるようになり、さらに後には、シリアの影響を受け、有翼円盤によってシンボライズされるようになった」[39] という説もある。

「王権天より降る」とは、王権の所有者である神が、天空より有翼太陽円盤で降下することを簡略化したようにも思えてくる。「王権がアヌ以前には天上界にあって、まだ地上には下らなかった時期があって、いかなる人間の国王も地上に任命されなかった歴史上の時代があった」[40] という説もある。

ウル・ナンムの石碑上段には巨大な三日月型湾曲に挟まれた太陽のシンボルの下に神（太陽神シャマシュとされている）の像が刻まれている。察するに、たぶんこの時、ウル・ナンムは神よりジッグラト建設の示唆を受けたのだろう。そして建設に出かける王が下段に刻まれる。神との最初の接触は、モーゼのように、あるいはナラム・シン王の戦勝記念碑に採用されている図柄のように、山の頂きで起ったと考えられる。

シュメール語のジックラート ziqqurratu は「山の峰」といった意味であり、ギルガメシュの叙事詩では峰は明らかに祈りの場として特徴づけられていた。[41]

山で神と遭遇した王が、平地に人工の山ジッグラトを築き、神との交流を永続的に後世に伝えたという行為ならば納得できるものである。ジッグラトと神のシンボルを描いた円筒印章[42]は示唆的である。

天から降下する神は、地上の代理者に自分を迎えるための人工の山(ジッグラト、ピラミッド型神殿、チャシ、階段状ピラミッドなど)を築かせる事により、その足跡を永く後世に残し伝えることを意図したものと思われる。

時代は紀元前18世紀、古バビロニア王国のハンムラビに移る。彼は王国の統一を強固にするために、比較的重要でなかったバビロニアの市神マルドゥクを国の主神に高め、その礼拝をすべての臣下に義務づけた。[43]

## 神の代理人は太陽王国建設を目指した

マルドゥク(メロダック)とは、すべての神々に君臨する王として選ばれ、巨龍ティアマトを嵐の戦車に乗って退治したという神話をもつ。

マルドゥクはニップルの主神エンリルに代わって行政長官として行動し、ハンムラビはマルドゥクに代わって行政長官として行動する。ハンムラビ王はマルドゥク神の人間の執事であり、地上世界でマルドゥクの職分を執行することを委託されたのであった。[44]

ハンムラビは記す。「……従順にして神を畏れる君主たる余ハンムラビは、正義がこの国に出現するようにするべく、強き者が弱き者を損なわぬように悪しき者邪しまなる者をうち滅ぼし、かくて余が太陽のように、黒き頭の民の上に昇って、この国土を隈なく照らすようにする」

ここに、王の存在が民を照らす太陽として形容されている。王とは太陽王であり、王国は太陽王国なのである。

しかし、ハンムラピは国民に発布した法典を、マルドゥクではなく太陽神シャマシュから授かる。シャマシュ神とは、ギルガメシュ叙事詩において大洪水の時を決定した神である。ちなみに大洪水を箱船で免れたウトナピシュテム（ピル・ナピシュチム）は、避難所となる大船の設計図をエア神より地面に描いてもらって教えてもらったと神話は語る。

バビロン第一王朝第６代目の王ハンムラピは、統治第２年に法典を発布した。その年代は「国内に正義を確立」と記されている。法典の前文には法典発布の目的をこう記している。

「正義を国のなかに輝かせるため、悪者を滅亡させるため、強者が弱者を虐待しないように、孤児と寡婦に正義を与えるために……」

そして、「私はハンムラピ、全き王、シャマシュ神が私にお授け下さり、マルドゥク神がその指導を私におまかせ下さった……（法典碑の結語の一部）」とあるように、ハンムラピ王は最高神マルドゥクと正義の神シャマシュの両神から指導を受けたようである。

シャマシュ神とはどのような神なのであろうか？　法典を刻んだ高さ225cmの閃緑岩の石碑上段には、椅子に座ったシャマシュ神と、立った姿のハンムラピが刻まれている。シャマシュ神はカウケナスという衣服（メソポタミアの初期住民によって着用されたスカート状腰衣。はじめは羊の毛皮であったらしい）をまとい、腰掛け形の王座に坐し、突き出した右手に神々が普通手にする輪と棒を持っている。ハンムラピは神に対して立ち、右手を口のあたりにもってきて、祈りの姿勢をとっている。または、神より法典を口授されつつあるところ、との解釈もある。[45]

太陽神とは通常、太陽の神格化といわれ、日輪の運行を船に見立てたり、その船に乗る神を想定して成立したと解釈されている。しかし、太陽光線が作物の成長に欠かせないから、豊穣のシンボルであるとするならばわかるが、なぜ正義の神であるのだろうか。

シャマシュ神の両肩から延びている3本の波線は、古代西アジア一帯の円筒印章の神像にも多くみられるものである。また、坐る神と立つ人物の取り合わせは、エジプトにもみられる。エジプト第19王朝の『死者の書』には法典の碑と同じ形の碑文の石柱の上部に坐るオシリス神とみられるシルエットと立って答礼するかの人物のシルエットがみられる。[46]

これらを見ると、神と謁見する美術的表現形式や、太陽に翼をつけた印、また、輪と棒という神の持つシンボルは、当時広く知れ渡っていて、各地の王たちが、こぞって自分の業績を残す記念碑に採用した様子が伺える。ちなみに、輪と棒のシンボルは、エジプトの『死者の書』においては「永遠を意味するシェン」として描かれている。[47]

ところで、エジプト王第18王朝のアメンホテプ４世は自らを「アク・エン・アテン（太陽円盤の光輝）」と名乗って太陽賛歌を歌った。「汝、生けるアテン、生命の初めよ」と歌われるその内容には、我々が太陽の一部であることを自覚した原初的な人間性の発露が伺える。ミタンニから迎えた王妃ネフェルティティと共に病弱だった彼は、エジプト芸術史上かつてなかった表現を取り入れたアマルナ芸術を完成させた。太陽円盤から先端が手となった光線が伸ばされ、王と王妃の顔前に生命の象徴アンクをかざして祝福する独特のスタイルは、従来の翼をつけた太陽円盤より、積極的な太陽からの恵みを表現したと解釈できる。彼は驚くべき洞察で太陽による地球と人間と生命の創造を歌いあげ、「あなたの子息とは、あなた自身から出現した真理によって生きる王のことである」と記す。「真理」という言葉を繰り返し使ったのはイエスの行状を伝えたヨハネである。「父のみもとから来る真理の御霊が下るとき、それは私について証をするであろう」（ヨハネ福音書15—26）といった具合に、「真理」を持った空中を経由する力について語っているように思える。

イクナトンのいうように、太陽光線の中に「真理」があるのなら、国を統治し国民を真理に導くためには、太陽光線をとらえなくてはならない。太陽光線を吸収し蓄積する施設を造り、その施設を中心に真理の行政が展開されるという図式である。世界各地の環状列石がそれなのか。それはまた別の機会に譲りたい。

イクナトンは、それまでのエジプトにはみられない唯一神アトン崇拝の太陽王国を建設しようとしたようだ。しかし、一人の高い理性の活動は闘争の歴史に咲いた純粋な歴史の一こまであった。家族を挙げて太陽円盤を拝したイク・エン・アトンの宗教改革は未遂に終ったのである。

では、古代エジプトの来世信仰の中心であり、エジプトといえばミイラといわれるほど多くのミイラ作りが行われたその起源となった神、そして、古代オリエント世界を特徴づける翼を付けた太陽、有翼太陽円盤が生まれる舞台ともなった、オシリス神話を見てみよう。[48]

## 農耕道具を教えた文化神オシリス物語

人間の記憶が年月と共に変形し、あるいは増殖して内容が豊富に脚色されるように、民族の生む神話もまた、時間の経過と共に発達し複雑になっていくことは否定できない。しかしまた、幾多の障害を乗り越えて現代の時代に伝えられ結実した作品とは、それなりに必然の法則によって万人の目に触れる役目を持って生まれたものであろう。

エジプト神話に登場するオシリスとイシスは夫婦であり、神話の伝えるその出現の仕方は3人の主の来訪を迎えるアブラハムの物語りに似ている。

ある初夏の夕刻、夫婦は旅人としてテーベの丘に降り立ったという。……気高く立派なオシリスと、美しく優しく人を引き付けるイシスの二人を見る人々の目は、深い尊敬を払わずにはいられなかった……神話は最上級の言葉を駆使して二人を描写する。まことにこれこそが我々人間の原形となった、神に近い人々の本当の姿ではなかっただろうか。

黒目のエイリアン幻想が、解剖される異星人模型が、はたまた幽霊のごとく脳内に侵入する空中浮遊のゴースト群が、世界のUFO情報世界を支配し、多くの研究者がそれに盲従する今日にあって、人間の本性を失った人類に求められるのは、本当に尊敬すべき対象への心からのあこがれではなかろうか。羊と山羊を分けるのは己の本性である。オシリスの審判やエホバの裁判という栄光の裁きを受けるまでもなく、人類は情報という怪物の餌食となって運命をゆだねているのである。

さて、オシリスについては膨大な物語りなので、ごく簡単に述べることにしよう。

エジプトの街や田舎を歩くオシリス夫妻は、人々にいろいろと便利なものを教えて回った。農民には牛に引かせて耕すカラスキや水車などの器械や葦笛の吹き方や賛美歌を。彼のうわさを聞いて招かれた王宮では学者や賢人たちと問答をして王を喜ばせた。オシリスは常に人々にこう言ったという。

「皆の祈りを聞いてくれるのは石の像ではない。この世には見えぬ神がある。この地上に熱と光とを与えるあの金色の太陽は、この神の力の現れである」

オシリスは一人の若者の正直な言動に嫉妬した仲間により、王に罪人として訴えられた裁きの場で、若者を弁護し正義を説いた。王は激怒して若者とオシリスを殺そうとするが、槍を手にした王は電撃を受けて槍を落とす。そしてオシリスは言う。「私はあなたとすべての人々を滅ぼす力を持っている」

## 国王になったオシリスは理想的な政治家だった

この事件の後、王は病死し、オシリスは貴族たちの願いによってエジプトの王となった。エジプト王オシリスの活動には注目すべき点がみられる。のちの時代、ユダヤ人の王を自認したイエスは、地上では支配権を持たなかったが、オシリスは遠い世界（おそらくは宇宙）からの旅人でありながら、異国の地で支配の座についたのである。神話はこう語る。

「それから永い間、オシリスとイシスはエジプトの国を治めて、国人にさまざまな生活の道を教え続けていった。オシリスは次第に国境を越えて隣国に入り、武器を用いず、慈悲の言葉と、農業などの平和な技術によって、その国の人民を自分の心に従わせていった。オシリスは隣国への教化のためエジプトを出て幾月となく旅を続けることがあった。王の留守の間には、皇后のイシスが代わって政治をとっていた。イシスは政治上のことにも立派な才能と、注意力をもっていたので、エジプトの人民はオシリスの徳を慕うのと同じくらいに、イシスの愛になついていた」

オシリスは自分の国だけでなく、周囲の国を長期間訪れて教化したようである。一つの場所に拠点を置き、遠くに出かけて行って異国の地で人々にまじり教化善導する、という活動の仕方は、どうやら世界各地を訪れた天空人たちの特徴であるらしい。農耕道具や日常的な道具が世界中でよく似ていることは、民族移動に伴う伝播で説明されてきたが、文化の担い手であるオシリスのような神人の国境を越えた活動も、考慮すべきではないだろうか。

オシリスとイシスの平和な日々は、オシリスの弟セットが王宮に来た事によって破られる。オシリスが永い旅から帰った時、弟セットはオシリスを宴会に招き、用意した箱にオシリスをだまして入れて蓋をし、河の底に沈めた。

善人のオシリスに悪人の弟。この組み合わせは何故なのか。オシリスがヌーのパピルス9、17、20に記載されたように「炎の船」で地球にやってきたのなら、悪人の弟も共に宇宙から来たことになる。これは宇宙創造時代に尊い神アフラマズダと邪悪なアングラ・マイニュの白黒両者がいたという、善悪二元論的宇宙観による設定なのだろうか。

## ミイラの元祖オシリスは復活した

オシリスの死を知ったイシスは嘆き悲しむ。そして彼女のオシリス遺体探しの旅が始まる。やがてイシスは妹のネプチスと共にナイル川からバラバラになったオシリスの遺体を集め、麻の布で遺体を巻き、薬を注いでミイラを作った。そして、イシスはその遺体の周囲を鳥の姿になって幾度も飛び回り、その羽風がオシリス王の鼻孔に触れた時、オシリスは復活した。オシリスはこの世界にとどまらず、広大な死の世界の王になったという。

この頃、イシスにはオシリスの息子ホルスがいた。ホルスは復習に立ち上がりセットを殺す。

このオシリス復活神話が根拠になって、古代エジプトではさかんにミイラが作られるようになったのである。しかし、現実的にバラバラの遺体となっては、どんなに生命科学が高度に発達した医学でも、再び生き返るとは考えにくい。イエスは死んだ少女や墓に収められたラザロを復活させたが、これらは仮死状態で埋葬されて生き返ったという近世における実話と大差ない。

しかし、神々の生命科学が、土から人間を作るほど原子転換レベルで進んでいたとしたら可能であるのかも知れない。

「エゼキエル書」37章にも主による人骨から生体への蘇生が語られている。……「これらの骨に預言して言え。枯れた骨よ、主の言葉を聞け……」私は命じられたように預言した……見よ……骨と骨が集まって相つらなった。私が見ていると、その上に筋ができ、肉が生じ、皮がこれを覆った…息はこれに入った。すると彼らは生き、その足で立ち、はなはだ大いなる群衆となった。……

いっぽう、オシリスは復活後、冥界に下って王となる。この話はイエスの黄泉《よみ》下りの話に似ている。また復活というのも、現実の肉体が生き返るのではなく、霊体として生まれ変わるという宗教的思想もある。神話には現代科学や医学でも到達できてない分野が語られる点においても、古代人の迷い事として退けるか、高度な生命科学の応用結果として見るか、見解の分かれるところであろう。

# オシリスの子ホルスは
# 翼をつけた円盤で空を飛んだ！

翼をつけた太陽の印は「有翼円盤」「有翼太陽円盤」と呼ばれている。これは人民の支配者たる王の印であり、通常の美術のモチーフとは区別すべきであろう。その多くが古代オリエント世界の最も重要な記念碑と共に刻まれている。この形がどのようにして発生したのか、それを物語る神話がホルス神話にみられる。

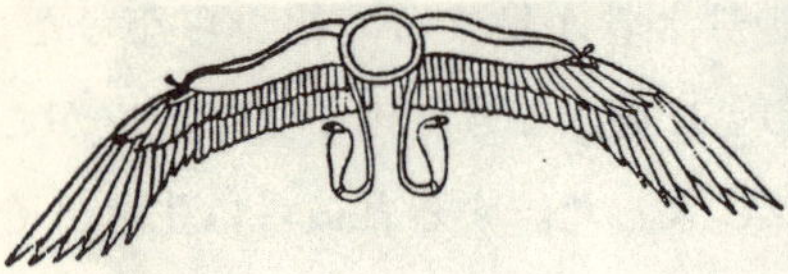

オシリス神　イシス女神　ハトホル女神　ホルス神

別伝説によるとホルスは、本来南方の神で、上エジプトでは古くから鷹または鷹頭の神として崇拝され、空の女神ハトホル Hathor の子とされていた。

ある伝説によると、ホルスの復讐物語はこうである。

……むかし天神ホルスが、ヌビアを支配した時、その治世の363年に、悪神セットが反逆を企てて、同胞神オシリスを害したので、天神の子なるエドフEdfuのホルスは、父の許に赴いて「父よ、敵は大軍をもって、あなたの国を奪おうとしております」と訴えた。天神はそれを聞いて「我が子よ、わしの代わりに、すぐ行って、セットを征伐しろ」と命じたので、ホルスは魔術の神トートThothの助言をかりて、身を翼のある円盤に変じ、空に舞い上がって、敵の真上から、下界を見下ろした。その時、地上の敵軍は、天上から降りかかる光に眼が眩《くら》んで、狂気のように同士討ちを始め、みるみる地上は敵の死骸でいっぱいになった。……この時から、ホルスはエドフの神としてまつられ、翼のある円盤の姿で、エジプトの国土を守護し、鷹をもって神禽とするようになった。……【49】

エジプトを守護する翼のある円盤の印は、スフィンクス前の石碑やテーベのコーンスの神殿のいずれも最上部に大きく刻まれている。円盤の左右に蛇が装飾されているが、蛇はエジプト美術のいたるところに使用されており、単なる装飾なのか、何かを表現しようとしているのかは不明である。

# ホルスの母ハトホル女神と巨大電球の謎

有翼の円盤となったホルスの母、ハトホルHathor女神を奉るハトホル神殿地下には、最近オーパーツOUT-OF-PLACE ARTIFACTSとして注目されている謎の図形がある。それは巨大なナスの形をした容器を表わすレリーフで、まるで大きな電球を思わせる。もし、これが暗闇

の地下世界を照らす照明器具だとすると、煤《すす》の汚れのない地下神殿の美しい装飾の謎が解けるようである。またこれと似た図形が「死者の書」といわれるパピルス文書の一つにもみられる。死者の書が成立するのは第18王朝だが、第21王朝コンスメスの「死者の書」に、永遠の生命の印アンクを両腕に通したジェド柱が、楕円形で真ん中にややうねったヒモ状のものがある物体を支えている。この楕円形の物体ないし容器が先のハトホル神殿のレリーフと同じ物を表わしているのである。しかし、黄泉

の暗い旅路を照らす照明として描かれたのか、真意は定かではない。[50]

楕円形容器の中のヒモ状の物体は、ハトホル神殿のレリーフでは蛇になっている。何かの機械を思わせるジェド柱にしても、この電球状の形にしても、我々の知らない古代エジプトの技術を暗示させるものである。

イシスがオシリスの遺体の周囲を鳥に変身して飛び回ったという物語りも、単なる古代のロマンとして片付けてよいものか疑問である。なぜならば、カイロ博物館にグライダーとしか考えられない形の物体が展示されているからだ。これは当時、実際に空を飛ぶことが可能だった事を示すのではないだろうか。またこうした飛行機械から発射されたエネルギーが遺体を蘇生させたことも考えられる。例えばイエス・キリストがゴルゴダの丘で２人の罪人と共に十字架にかけられ息絶えたと思われた時、輝く飛行物体が空から降下して十字架上のイエスに蘇生エネルギーを照射したとみられる記述が存在するのである。

「……天が裂け、光輝く雲がおりてきて彼をもちあげた」[51]

神話伝説の伝達において、理解できない説明は簡略化されるか消えてゆくか、伝える者のレベルに合わせて変質するしかないだろう。現代には存在していても、古代にはなかった概念や表現は技術的な面に顕著だったと推定される。飛行はすべて羽の生えた生き物として表現されなければならないという認識の世界にあっては、現代のロケットも飛行機も巨大な鳥として伝承されると考えて間違いないであろう。また、機械的なシステムにおいては、動物の機能や動きを当てはめて表現するしかなかったであろうと推定される。

## 歴史と民族を超えた神、天空人の実像

古代世界に天より降り立った神々、天空人たちが天空を自在に移動していたのなら、彼らは単独でも多数の土地、多数の民族の前に降り立っていたであろうことは容易に想像できる。まず同じ名の神が広く知られている例として、ミトラ神がある。バビロニアの太陽神シャマシュは、別名ミトラ（Mitra）と呼ばれているが、この名はインドのリグ・ヴェーダに登場する太陽神ミトラと同じである。さらにペルシャの神話に登場するミトラあるいはミスラ（Mithra）も真理の保護者、天と地の調節者、太陽神である。

また、同一の神格が民族によって呼び名が違う場合がある。古代メキシコの神クェツァルコアトル（Quetzalcoatl）は、「羽の生えた蛇」もしくは「羽の生えた杖」を意味する。彼は方位を象徴する十字の徽章を帯び、暁の明星、太陽の円盤が象徴で、太陽の中に住む一男性が起源ともいわれる。[52]

いっぽう、マヤ族の信奉するククルカン（Kukulcan）はナファ族の神クェツァルコアトルと同一である。ククルカンとはクェツァルコアトルという言葉がマヤ語に翻訳されたもので、やはり「羽の生えた蛇」を意味するのだ。

神話は民族の祭行事に復活する。神話物語が一面、祭の言語化であるかのように、過去から延々と伝達されてきた祭の内容は重要である。

日本の伊勢の皇大神宮別宮で、毎年6月24日に行われる伊雑宮《いざわ》の御田植え祭では、太陽を冠した舟を描いた「さしば」が天の御柱にくくりつけられて、祭の中心になるが、これは太陽の舟が降下した事を表現した祭器である。そして柱のそばから、小船に乗った童子が田植えと共に進むが、地上に降りた神の化身として十分な意味を持っている。【53】

メキシコのアステカ族は、高い柱のてっぺんから木のつるにぶらさがって、ぐるぐる回り、空中を飛ぶように見せるが、まさにこれは彼らの遺物にも表現されているように、天から神が逆さまになって降下する姿の再現である。【54】

さて、世界最古の法典で知られる古バビロニア王国が滅び、次におこった軍国アッシリア帝国が滅びたあと、新バビロニア王国がおこる。紀元前625年のことである。バビロン市はネブカドネザル王によって世界の都といわれるまでに発展する。バビロン市にはジッグラトが建ち、そのそばに主神マルドゥクの神殿があった。そして当時、新年祭にマルドゥク神のドラマが展開されたという。アッシリア学者が既知のバビロニアの儀式を手がかりに、新年の祝祭がネブカドネザルの時代にどう行われたかの再構成が試みられている。

……世界の創造者エアの賢明な息子であるマルドゥクは、この祭では人間を病気、苦悩、罪悪から解放する神とされる。マルドゥクは裏切られ、（下界の）『山地に捕え』られ、死に、「傷つけられ、槍に刺され、打ち砕かれ、殺され、消え去った」と記されているが、マルドゥクは国土とその人民に新しい栄光と栄華をもたらすために再び立ち上がる。……殺害されて地獄に下り、そして復活した受難のキリストとの類似を感じさせられる。この両者は形容語に至るまで似ている。……マルドゥクも「支配者の主、王の王」と呼ばれた。[55]

祭の５日目に「贖罪の犠牲」という王が重要な役目を果たす儀式がある。社会生活の中心人物であり、神々と接触をとる者でもあるバビロンの支配者が、マルドゥクの神殿で、彼の一切の権力の象徴を放棄して、過去一年間の王自身について報告を行うのである。王は民衆の代表として民衆の罪を一身に引き受け、マルドゥクの像の前にひざまずき、過去一年のあらゆる不幸な事件について潔白を証明しようと努める。これを受けて、司教が王の顔面を殴り、耳を引いて、将来その義務を忠実に履行するように説く。この後王は再び権力の象徴で身を飾ることを許される。儀式の終りに司教はもう一度王を殴る。この平手打ちの後、王の顔面に涙が流れれば、それは今後一年に対する吉兆とされる……。

王は即位の時と同様に、マルドゥクの像の手を握り一年間、王の職に留まることを保証された。羽毛で飾られた王冠、または三重宝冠を頭に戴き、長い衣裳をまとい、手には王笏と指輪と杖を持ったひげを生やした神……バビロンの主神殿に立っていたマルドゥクの像とはこんなものであったと考えてよかろう。【56】

偶像を認めないユダヤの預言者はバビロニア人の人工的な神を嘲笑した。しかし、神像は国民にとって王が神に示す態度を見るのに必要であった。国民は神を直接見ることが出来ないからである。神との会見は、神に指名された特別の人物が密かに人知れず行われたであろう可能性については、イスラエルの解放者モーゼと神の会見の記述を読めばわかる。モーゼはホレブの山で神と会見したという。ユダヤ人の預言者が嘲笑したマルドゥク——この像の主が、もしユダヤにとっても主であったとしたら、どうだろうか？

ネブカドネザル王は、祈りの碑文にこう記している。「マルドゥク、主、神々の中でもっとも賢明なる神、誇り高き君主よ！　あなたが私を創造し、すべての人をさしおいて私にこの王国を委ね賜う！」

一方、イエラエルの主（エホバ、ヤハウェ）も、この王に向かって言葉を発している。「イスラエルの神、万軍の主は、こう仰せられる。あなたがたは主君にこう言え。私は、大いなる力と、伸ばした腕とをもって、地と、地の面にいる人間と獣を造った。それで、私の見る目にかなった者に、この地を与えるのだ。今、私は、これらすべての国を私のしもべ、バビロンのネブカドネザルの手に与え……」（エレミヤ書27章）

ネブカドネザルはバビロンの主神マルドゥクとイスラエルの主エホバの両方から注目されている。果たして、この2神は別々なのか、それとも同一なのか……？

## 聖都エルサレムにめばえた悪を怒った天空人

旧約聖書「列王紀下」21章によると、ユダの王マナセは、聖都エルサレムで人間の犠牲を始めとして、占い、魔術、口寄せなど神の禁止した悪を行い、彼らの主の怒りを引き起こしたといわれる。神に愛されたエルサレムは神による滅びの運命へ向かうことになった。

「イェルサレムに出軍し神殿を破壊せよ。なぜならば彼の地の何人もその面倒をみないが故に」……ネブカドネザルの宮殿に18年間神の声が鳴り響いた。しかしネブカドネザルはこの声に従うのを恐れた。だが、彼はやがて軍勢を率いてエルサレムを滅ぼす。そして数千人にのぼるユダヤ人たちをバビロンに連行した。バビロン捕囚である(エレミヤ書52章)。ネブカドネザルは預言者によって「ヤーヴェの剣」神の剣になるであろうと言われていた。

ローマ的キリスト教世界を滅ぼしたフン族のアッチラ大王は「神の鞭」と呼ばれている。また、「フランスを救え」という神の声を聞き続けて遂に立ち上がったのは少女ジャンヌ・ダルクであった。神は歴史の時と場合に応じて、彼の代理人を意外なところから指名することがあるようだ。指名された者は、最初は拒むが、神の熱意に促されて立ち上がる。そして、その計画は成功する。しかし、選ばれた者の人生の末路は華やかなものでは決してない。ジャンヌは火刑で人生を閉じたし、神は彼の執行代理人ネブカドネザルにこう言うのだ。

「ネブカデネザル王よ、あなたに告げる。国はあなたを離れ去った。あなたは、追われて世の人を離れ、野の獣と共におり、牛のように草を食い、こうして7つの時を経て、ついにあなたは、いと高き者が人間の国を治めて、自分の意のままに、これを人に与えられることを知るに至るだろう」(ダニエル書4章31)。ネブカドネザルは精神の病により狂気の7年をすごしたのち死ぬ。

## 天空人は捕囚の民ユダヤ人解放に助言したか？

バビロンに連行されたユダヤ人は、ペルシャ人キュロス２世によるバビロン無血占領のあとに解放される。キュロスは記す。

「余は神々をそれぞれもとの場所に復し、永久にその住居に住まわせた。余はすべてそこに住んでいた者たちを集め、彼の原住地に復帰させた」（キルスの円筒型刻文）【57】

「天の神、主は地上の国々をことごとく私に賜わって、主の宮をユダにあるエルサレムに建てることを命じられた」（歴代志下36章・エズラ記１章）

それゆえ、キュロスは自らを「バビロンの王、シュメルとアッカドの王、四海の王」と称している。

紀元前539年10月29日、キュロス王は民衆と神官の歓喜の中でマルドゥク神の手をとり、「すべての国の王」の称号を受けた。彼はこう記す。

「私はキュロス、世界帝国の王……私が平和裡にバビロンに進入し、貴族の宮殿で歓声と歓喜の中で支配者の座を打ち砕いた時に……偉大なる主マルドゥクは私の良き事業を喜ばれた。……偉大な主マルドゥクの命を受けて私は、ナボニドスがバビロンに連れてきて神々の主を怒らせたシュメールとアッカドの神々に、その聖所の平和の中に心からの喜びの住居を構えさせた」[58]

ナボニドスというのはバビロンへの帰還に際して「非バビロニア的」な神々の神像を集めて祭っていた謎の統治者で、西アラム人であったと推測されている。その行為に神が怒ったというのはバビロニア人がヤハウェの指導下にあるユダヤ人と同じ扱いを受けているようにみえる。つまりイスラエルでいえばマナセがバアルのために祭壇を築き、アシラ像を造ったことで、ヤハウェがエルサレムを滅ぼそうという決断に至らせたことに似ている。

キュロス王は「マルドゥクの命を受けて」それら異民族の神々を元に戻したのであった。イスラエルの主もキュロスについてこう言っている。

「彼はわが牧者、わが目的をことごとくなし遂げる」(イザヤ書44-28)

どうやらバビロンにとってのマルドゥクという神格は、イスラエルにとってのヤハウェと同一の方針で望む天空の存在であるようだ。我々は両者を同一の神と断定することは出来ないが、民族固有の神々を尊重し、それらを混合してはならないというキュロスの、あるいは神自身の態度にはうなずけるものがある。もし、神々に民族固有の性質に適合した接し方のマニュアルがあるのなら、それを混合して用いては混乱の元になるのだろう。我々でさえ、同一の人間ではあっても会社の同僚に対する接し方と、趣味のグループ、家族、親類などによって言葉や態度、情報の種類を区別し使い分けている。

全地球上の、それぞれの風土と民族の特性に根付いた、それぞれの信仰は、外から侵すべきでなく、また強制勧誘されるものであってはならない。理解の度合と実行の力量は遺伝子レベルの問題であり、死体を蘇生させるほど生命科学の発達した天空人にあって「人類という作物の格差」は、当然熟知された課題であったと推定される。

舞台はここで古代オリエント世界からインドに移る。戒律と同害復讐刑法、神による裁きの西アジア世界から、神という存在すらも否定する心の在り方を説く世界における天空人足跡の探索である。

## 仏教の宇宙観は 地球外知性を理解できるか？

一つの権威ある宗教的大系が国家運営に関係すると、支配階級など本来なかったものがつくられて、当初の純粋性を失わせ、基本的な真理を覆い隠すようだ。それゆえ、数々の神の都は、神自身の関与によって滅ぼされたと解釈できる。天からの恵みによって打ち建てられては人の業により崩れ行く王朝と帝国と王国の歴史は、我々にどんな教訓を与えるのだろうか。

確かなことは、我々人類の歴史の中に燦然と輝く天空からの人格は、確かに当時の世界、当時の人々の中に実在していたということである。

　オリエント世界における神との契約者たちは、上と下、天と地という垂直方向の狭い領域の中に自分を置いていたと単純に言えるかも知れない。宇宙とは地球を中心として天の万象があるという天動説的世界観が、世界宗教となったキリスト教の誤謬であり、これが中世に至って悲劇をもたらしたのは周知の事実である。

　人間という一個の生命に課せられた学習の過程は、神との垂直的契約も幾多の学習要項の一項目に過ぎないことを人は悟るべきであったのだろう。しかし、その時その時に与えられた課題に、全力を注ぎ込まなくては先に進まないのである。

　空中の車輪に乗るヴェーダの神々や、ヒンドゥーの神々は、アーリア人というインドに侵入してきた民族の故郷が一致するためか、西アジアの厳しい性格の神々と似ている。そうした風土の中にネパールのルンビニに生まれた王の息子によって、壮大な哲学大系を思わせる仏教が華開き、アジア各地に伝播していった。日本もその支流の一つである。発祥地のインドは、やがて元の宗教に戻ったが、周辺諸国に根付いた教えは様々な展開をみせている。

　いったい、仏教とは何か？　ここに一つの話がある。ベトナム戦争当時、「UFO問題はベトナム戦争に次ぐ重大問題だ」と発言した有名な国連事務総長ウ・タント氏が、生前、やはり生前のUFO研究学者アレン・ハイネック博士とUFO談義を交したという。ハイネックは彼の著書『未知との遭遇レポート』にこう書いている。

……そのときウ・タント氏が、異星人がこの地球を訪れている可能性があるかどうか尋ねたので、私は天文学者の立場から、惑星間旅行の距離や所用時間がとほうもなく大きいから、その可能性はまったくないと答えた。するとウ・タント氏は、眉をつりあげて私の顔をまじまじと見ながら「あなたも御存知のように、私は仏教徒だから、地球以外にも生物がいることを信じますね」といいきった……。

仏教の教えによると、仏国土という地球以外の国土が、ガンジス河の砂の数ほどあり、そこから地球（サハー世界）へ菩薩たちが修行に来る、また菩薩は数多くの前世における行為や犠牲によってソトツ天に昇り、神々と住み、時と場所を決めて地上に生まれ仏陀になる、という。

これを現代風に言うと、宇宙には無数の惑星世界があり、宇宙人と住む修行者たちは、時と場所を選んで地球人として生まれ、任務を果たして再び宇宙に帰還する、となるだろうか。

「十万のあらゆる仏国土へ化身を送り、それらの化身があらゆる仏国土で仏陀の働きを完遂する、それほどかの菩薩は偉大である」【59】

この話は恒星ネットワーク、あるは宇宙に真理を伝達するネットワークを連想させる。菩薩が一瞬にして広大な距離を移動するという話も、天文学上の恒星間距離を解決している話として参考になる。SF的なテレポート、あるいはウラシマ効果と呼ばれる時間旅行が、仏典のみならず、世界各地の多くの神話に登場するのも、何らかの科学的知識が影響しているように思われる。

また「肉体は四大元素の容器で、空である」とか「浄らかな十善業道こそは、菩薩の仏国土にほかならない」といった思想は積極的な世界の安定に不可欠な無私、無我、奉仕を提起する。戒律や戒めの上に、こうした高い自覚が必要とされるのは現代も同様である。

## 仏陀の説法を聞きに天空人たちが密林に現れた？

高貴な家柄に生まれながらも、妻子を残して出家し、苦行修行の末に覚者となった仏陀には、様々な伝説が付随している。

まずその誕生には天に印が現れている。キリスト誕生のベツレヘムの星とは違って輪郭ある物体である。

「神々は、多くの骨あり千の円輪ある傘蓋を空中にかざした。黄金の柄のある払子を上下に扇いだ。しかし、傘蓋を手にとっている者は見えなかった」

仏陀は以前修行していたガヤーの地方に戻って、ウルヴェーラー村に到着。ほら貝結びの行者ウルヴェーラー・カッサパの庵の近くにある密林にいた時のある夜、ウルヴェーラーの神変と呼ばれる出来事が起こった。

……さらに世界の主、梵天は深夜に優美な彩光によってあまねく密林を照らして、尊師のおられるところに近づいて、尊師に敬礼して一隅に立った。それはあたかも大きな火むらのごとくであり、前の色彩や光輝よりもさらに優美であり、さらに絶妙であった。……そこでほら貝結びの行者ウルヴェーラー・カッサパは、その夜が過ぎてのち、尊師のおられるところに赴いて、尊師にこういった。「大修者よ。もう時刻です。食事の用意ができました。いったい誰が深夜に優美な彩光によってあまねく密林を照らして、あなたのおられるところに近づいて、あなたに敬礼して、一隅に立ち、あたかも大きな火むらのごとく、前の色彩や光輝よりもさらに優美であり、さらに絶妙であったのですか？」「カッサパよ。あれは世界の主、梵天であったが、教えを聞くために、わたしのいるところへやって来たのです」【60】

ここで言う「前の色彩や光輝」というのは、その前に仏陀に現れたのは四大天王で、四隅に立って仏陀の教えを聞いていた。そして、その次が帝釈天であった。

外の世界からの超人は、しばしばこのような光輝を伴う人物として記述され、また美術にも描かれている。

「わたしは見ていると、見よ、人のような形があって、その腰とみられる所から下は火のように見え、腰から上は光る青銅のように輝いて見えた。彼は手のようなものを伸べて、わたしの髪の毛をつかんだ。そして霊がわたしを天と地の間に引き上げ、神の幻のうちにわたしをエルサレムに携えて行き、北に向かった内庭の門の入口に至らせた」(エゼキエル書8章)

輝く人物はエゼキエルを空中に引き上げてエルサレムまで運んだようである。これは幻覚ではない。

ヘルモン山の頂きで、天から来たモーゼとエリヤと語り合い、その姿が輝いたのはイエスであった。

日本で空中の貴人と出会った話は、天長帝の妃如意の尼が仏道修行中の話としてある。ある夜、空中に声がして、見ると一人の天女が白龍に乗って、白い雲の中を西に向かって飛び去るのが見られた。これは弁才天であったという。【61】

# 第5章
# 古代と現代に在るもの

# 生活の知恵と技術を教えた天空人

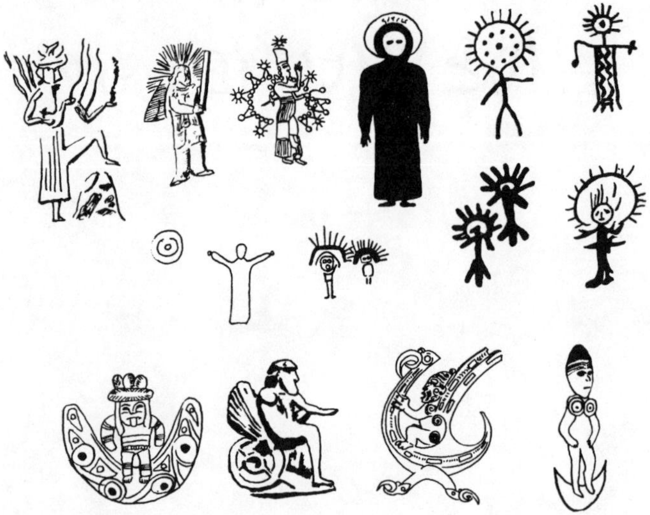

地球上には、都市国家や文明を持たずとも、平和な日々を何千年いや何万年と続けている人々がいる。我々文明人は彼らを“自然民族”と呼んでいるが、我々の誇る機械万能文明が、地球資源を食い潰し、自然環境を悪化させて全地球を自滅に追い込むだけの道具なら、むしろ自然民族のほうが地球人としてまともな道を歩んでいるように思える。

しかし、文明人の進出によって、自然の恵みを頼りに生きてきた人々にも、今や文明化の波が押し寄せている。

また一方では、企業優先文明あるいは利益優先的価値観に背を向けた現代人が、農業や牧畜に自然回帰する現象も見え始めている。

「……空の空、空の空、いっさいは空である。日の下で人が労するすべての労苦は、その身になんの益があるか。世は去り、世はきたる。しかし地は永遠に変わらない……」（伝道の書第１章）とはよく言ったもので、我々はどこから来て、どこへ行くのか知らないのに、生きている今を楽しもうと汗を流している。人も人生もやがては土に埋もれ、土に帰る。恐竜が地球の代表者だった時の痕跡は、化石によって明らかにされているが、我々は何を未来への化石として伝え得るだろうか。建造物か、芸術作品か、音楽か、文学か、はたまた映像作品か？

人が親として子に確信を持って伝えることの出来るのは、自らの人生体験から学んだ教訓かも知れない。自分の生んだ子孫を無視して、他人への教育も貢献もないものだが、文明人はこの最も基本的な人類の営みを素通りして、重要な役割を果たそうとしているようだ。

子孫にとって誇りを持って、さらにその子孫に語れるのは、個人が体験で獲得した知恵と教訓であろう。家訓、社訓の類が大勢に影響するとしても、源は先祖の体験にある。印刷という革命によって、個人の知的財産はあまねく世界に流通しているが、知識を覚えるのと、自らの身体で学ぶことの違いは明確である。

裸で自然を相手にする人々にあって、親から子への伝達は厳格であり、永い年月、行動を共にして伝えられる。口伝えで伝えられる彼らの神話伝説も、重要な意味を持っている。文字を持たないということは、民族の血が受け継がれていかなければ伝承は跡絶えてしまうのである。彼らの神話伝説の内容はヨーロッパ人らによって文字となり、翻訳されて日本語にもなっている。

日本の天皇が、高天原から高千穂の峰に降臨した天孫族の子孫だと信じる現代人はいないと思うが、天から先祖が降りてきたとか、天から神が降りてきて人民を教化したという話は世界中に残っている。日本の場合は先住民の神話が政治的な意図で作品化されたという考え方により、神話の解釈は一様ではない。アイヌやアボリジニ、南北米インディアンのように、単純で短い物語の断片は、変質しながらも本筋を損なうまいとして伝えられた痕跡がある。それは、とても現代では信じ難い内容である。現代社会はUFO現象を有りえないという常識から、“現代の神話”として、現代生活の歪みが生んだ屈折した心理の産物として抹殺しようとしている。ところが神話を伝えた人々はそれをしなかった、つまり自分には意味がわからなくても、親の教え通り、子に伝えたから、信じ難い内容が今に残っているのである。

人はいったん文字にしてしまうと、内容を忘れる傾向がある。文字に記せば、思い出す必要がなくなるからだろう。しかし、文字で記さなければ、記憶を絶えず再生しながら生活することになる。そこには物語りを義務的に記憶再生する行為と、物語りを受け止める意識が働くものである。物語りを意識が受け止めることにより、伝達者の言葉がその行動に反映されるならば、神話伝説の伝承行為は文化であり、民族の行動規範にもなり得る。

ユダヤ人が義務的にモーゼの律法を守り、それで安心だという生活状態のところに、イエスという人物が現れてこう言ったという。「偽善な律法学者、パリサイ人たちよ。あなたがたは、わざわいである。あなたがたは、天国を閉ざして人々をはいらせない。自分もはいらないし、はいろうとする人をはいらせもしない」

自分が実行している知識でもないのに、教えとして人に教えることの無意味さ、あるいは自分が信じていないのに、人にそれを権威をもって語る愚かさを、イエスは指摘しているようだ。

思い過ぎかも知れないが、神話伝説の口承の出発点には、子が親を信頼し、親が子を信頼することによって成り立つ、家系や一族の安定した未来を想定する意志が存在しているように思える。

主役となる英雄、知恵や技術の発生、生活を安定させる作物の起源、これらは民族自体の存在価値を世に問う根拠である。

文化英雄たちはほとんどが男性だが、夫婦あるいは兄妹の場合もある。姿はすべて人間のそれで、若者の姿から髭をたくわえた人間として語られる。出現の仕方は雲に乗ってくる、とか天より降る、太陽を住まいとして降るなど、天界とのむすびつきが多い。その事績としては、発火法の伝授、牧畜の教示、結婚の法、農業の教示、怪物退治、トウモロコシ、稲、芭蕉、韮、などの栽培植物を授け、儀式、法律、歌を教えている。女文化英雄が編物など女の仕事を教えている事は注目される。

彼ら文化英雄たちが、海の彼方の高度な文明、例えば伝説的なアトランティスやムー大陸から来たとする解釈もあるが、語られる英雄たちの性格や能力は、イエスやエホバのように超人類的であり、空間を隔てた空域に進駐する別な組織体を想定したほうが現実的である。

オーストラリア原住民ナリニェリNarrinyeri族の神話によると、万物の父ヌルンデレNurundereあるいはマーツムレMartummereと呼ばれる英雄は、彼らに戦いと狩りの武器（道具）を人間に作らせ、正しい事と儀式（礼法）を定めたと伝えられている。神話は英雄自身が狩りを行ったと伝えているが、アイヌ文化神オキクルミも、アイヌと共に狩りをしたと伝えられている。

こうした原始生活者と一体になって共に歩みながら、永く民族が存続できる知恵と規範を指導するという能力は、人間について熟知していなければ出来ないものである。特に儀式は、我々現代を見てもわかる通り、単なる形式に過ぎず、そこに価値を置かないのが普通である。

カンガルー狩りで捕えられたワラビーが殺されて、火で焼く場において人々が狩りの道具を天に掲げて歓声を上げるナリニェリ族の儀式は、昔から行われてきた儀式で、ヌルンデレが定めたものであるという。

大洪水を箱船でまぬがれたノアは、アララテ山に漂着した時、まず祭壇を築き、清い獣を選んで焼いて神にささげた。洪水を生き残った貴重な種である鳥や獣をノアは、惜しげもなく神に捧げ、それを神は受け取ったのである。そう創世記は記している。このような物語りは、天空に住まいを持ち、人の最も大切な財産を犠牲にして提出させることで、自分に対する信頼と誠意を確認するという方針をつらぬく人格者を浮き彫りにしている。海を隔てた大陸から来た知恵者とは考えにくい。

ふつう地上に住む者は、自分が施した行為の見返りに労役や金品を受け取るものである。現代人はノアやアブラハムに倣《なら》い、長年蓄えた財産を燃やして、神に捧げ、感謝の意を表わすだろうか。神を詐称して、燃やさない金品を受け取るのが、人材や財産に価値を置く多くの宗教にみられる共通の姿であろう。

古代メキシコの神話によると、人間は初め、火というものを持たなかった。火を神の住まいから盗んだプロメテウスの神話のように、人類が火を獲得する様々なエピソードは世界中に分布している。

古代メキシコ人たちは狩りで得た鳥獣を生のまま食べ、寒い時にはひどい苦しみを受けねばならなかった。これを見たクェツアルコアトル神は哀れに思い、人間たちを呼び集めて、火とは生の獲物を料理したり、寒い時に暖をとることのできる便利なものだと話し、火を起して、人間に与えたという。

定住生活をした人類の先祖は、栽培植物と農耕によって命をながらえてきた。

栽培植物の起源を示す世界地図で、ひときわ目立つのはメキシコを中心とする中央アメリカと、アンデス山脈とその東斜面の低地である。その二つの地域には、巨石を用いた古代文明が栄え、またそこは、文化英雄の神話伝説の宝庫として知られている。

ペルーの神話伝説には様々な神が語られているが、マンコ・クカパック Manco Ccapac は人間の創造と共に言葉、歌、食物の種を与えたといわれている。神話上の神が手にしていた食物の種とは、すでに栽培植物として完成されていたのだろうか。それらは別の土地から運んできたのか。その土地はどこにあるのか。この地球のどこかか、それとも別な天地か。

マンコ・クカパックとママ・オウロの男女は、男には地を耕して穀物をつくることを教え、女には糸を紡いだり機《はた》を織ったりすることを教えた。これはアイヌのオキクルミと女神がアイヌに教えた内容と極めてよく似ている。男の仕事に農耕と狩猟の違いはあるが、女の仕事は衣類、首飾りなどで、機織りの要素が一致している。

## 接近した空中物体を歓迎する人々

自然民族が岩場や洞窟に描き残した美術は不思議な魅力を放っている。たくさんの手形や蛇のようにうねる線、渦巻きや同心円、人物も多種多様である。どうもそれらは、我々が日常の風景をスケッチした絵や静物や人物を写生した鑑賞用の絵画とは違うようだ。鑑賞あるいは記念というより、祈りや儀式に準じた目的で描かれたように見える。動物や人物以外の、意味不明な図形は、はたして現実に存在したものか、それとも彼らの夢や幻想の世界を描いたのか、あるいは文字のような意味を持つ記号なのか。

絵の図形が文字のように意味を持つことで、よく知られているのは北米インディアンのホピ族の場合である。人口わずか1万人のホピ族はキリスト教の聖書に匹敵する伝承や神話、儀礼を持ち、日本でも『ホピ宇宙からの聖書』『ホピの予言』などが話題を広げている。

彼らの神話には空飛ぶ《円板》〔パトゥウヴォタ――文字通りは円型皮製楯〕[62]やカチナと呼ばれる別な世界、あるいは星の世界からの訪問者を象った人形など、UFO現象に関連する要素がみられる。そして、UFO目撃と考えられる出来事を、彼らの守護神の現れであると解釈する実話もみられる。

アメリカが第二次世界大戦に参戦した時、徴兵を拒否した5人のホピ族が逮捕されて収容所にいた時それは起ったという。

収容所にはおよそ300人の白人、黒人、メキシコ人が収容されていて、ホピ族のポールは皆が寝静まると、一人外に出て祈った。自分たちが正しい行動をとっているのなら、守護神が何らかの形でその存在を示してくれる、と信じたからであった。

「ある夜、ついにしるしが現れた。燃えるような火の玉が北から飛来したのである。ホピ族の全員が起されて、その光景を見た。巨大な火球は森の中を通り抜けて峡谷を渡り、タクソンの東の山脈へと南下した。次に、ターンしてもときたコースを戻り始めた。くる夜もくる夜も、この光景は現れた。ホピはこれが彼らの守護者マサウの姿であることを知り、大いなる力が湧いてくるのを覚えた」【63】

この出来事は、まるでバビロン捕囚の際のエゼキエルの体験を連想させる。

ホピの人々が目撃した空中現象は、隕石や流星ではない。Uターンが飛行パターンの一つとして知られている現代の空の未確認飛行物体、UFOと同一の現象である。古代から維持されてきたとみられる彼らの伝統的認識において、UFOが彼らの守護者の現れだということは、宇宙からの高度な文明の知性により、あたかも先進国が低開発国を援助するような形で、我々の地球を訪れているという認識をもたらすものである。少なくともホピにおいては、そのような認識が見てとれる。

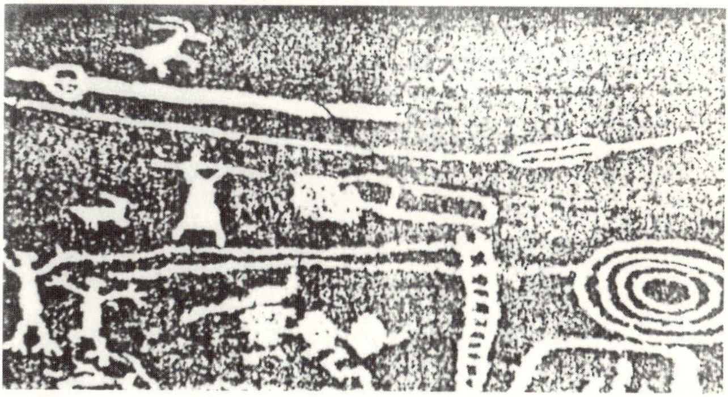

人々を訪れる未知の飛行物体が、人々にとって歓迎すべき存在だという認識は、彼らの絵画のなかにみられる。米国ネバダ州“火の谷”アウトラル・ロック遺跡には、現代の土星型円盤を真横から描き、長い尾を引いて飛行する姿を描いたとしか考えられない岩絵がみられる。その下には、棒を両手に捧げ持つ人、両手を広げる人、葉巻型の図形からハシゴが伸ばされている図、4重の同心円、動物その他が描かれている。

また、やはりネバダ州ガーフィールド遺跡には、太陽のような輝きを表わす放射状の線を持つ2個の同心円が描かれ、その一つからは蛇行する線が延びている。あたかも、2個の発光体を描いたように思われる。

アリゾナ州ナバホ族遺跡の岩絵には、大小5つの同心円が描かれ、下に描かれた2人の人物のうち、片方は頭から伸ばされた2本の筋と同心円が接触している様子を描いている。これと似た絵はキリスト教関係の宗教画にもみられるが、天使との通信ということで、円形の空中図形から下にいる人物に光の筋状のものが伸ばされている構図である。

このような絵は北米だけに限らない。南米ペルー山岳地帯サンタ・クララのややヒビ割れの入った一枚の岩には、円、渦、人物など様々な形が描かれている。その右下のほうに、丸い光物に向かって両手を上げた冠とおぼしき頭飾りをつけた人物が見てとれる。丸い光物は、直角ターン繰り返しのジグザグの線を引いている。

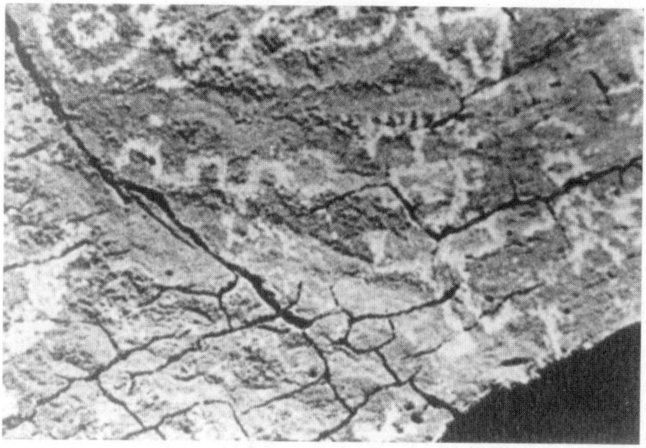

やはり南米チリ南部海岸アサパ河谷セロ・チューニョの岩には、太陽のような放射線を持つ円形の中に手を上げた人物が描かれている。あたかも、太陽のような光体には人がいるという認識から生まれた図形のようだ。

現代においても、1959年6月、パプアニューギニアにおいて原住民と英国人牧師が空から降下した空飛ぶ円盤とその上部に現れた3人の乗員を目撃したが、原住民たちが手を振ると、円盤の乗員も手を振ってこれに答えたという事件が起っている。手を振った乗組員は、太陽の図形の中で手を挙げた人物と同じ状況にあるといえるのではないか。

UFOや宇宙の知性に関心がある現代人といっても、その興味や関心の傾向は様々であるが、最も基本的なことは、自ら目撃体験して考える、ということである。他人の体験や資料を積み重ねて読みふけっても、文字や写真は実際の出来事を知る間接的な材料であって、最終的な確認は自らの五感によって得るのが最適だろう。

# 見知らぬ人……<br>彼らは現代の天空人だったか?

## アイヌ聖地を訪れた見知らぬ人

1968〜1969年ころ、北海道日高平取にあるアイヌ聖地「ハヨピラ」に、早朝、謎の人物が訪れた。当時、この場所はUFO研究団体CBAインターナショナルによって鉄筋コンクリート製オベリスク、モザイク大壁画、稲妻形パネル、三角池、同心円花壇、太陽のピラミッド、モルタル仕上げの空飛ぶ円盤モデルなどが、団体の会員による奉仕工事で完成し、観光シーズンになるとたくさんの観光客が訪れていた。売店には様々なグッズも販売され、時折現地の人々や管理人たちによってUFOが目撃あるいは撮影されるなど「UFO公園」として全国に知れ渡っていた。管理小屋には常時管理人が寝泊りしていた。これは、その時の管理人E氏の証言による実話である。

E氏によると、早朝、小屋のドアをトントンとたたく音がして、二人の管理人は、てっきり団体の責任者が視察に訪れたと思い、あわてて飛び起きたという。しかし、ドアの外には、責任者と雰囲気は似ているが別人の中肉中背の男性が立っていた。顔は日本人と変わらない。その男性の態度から“この人は天使ではないか”と思いつつも、判断ができないので、E氏は彼にこう尋ねた。「あなたはだれですか」。すると彼は名前を言わず「上に登って、九州のほうを向いて祈りたいのです」と言った。そして、「昔ここに住んでいた者です。ここも、あちらの山も神の山だったんですよ」と言った。E氏はこれを聞いて、この男性がみんな見通していることを悟った。E氏はしかし、「私の判断であなたをピラミッドに登らせる許可は出せない。本部に問い合わせて、許可をもらうまで待ってほしい」と答えた。彼はまた言った。「これが悪いのです」と戸の近くの看板を指差した。それを聞いたE氏は慄然とした。何故なら、「この看板の文章が良くないので、取り替えろ」という指示が団体の責任者から出されていたからであった。看板には、文化神オキクルミカムイのアイヌに対する教化善導を「記念して」と記されてあった。1980年、E氏はその時の出来事を妹に話しながらこう言っている。「しかし、“記念して”ではなく、“感謝して”が正しいのだ」と。

見知らぬ男はE氏に言った。「時間がないのです」。E氏が「いま電話しているので、もう少し待ってください」と話すと「それでは待ちましょう」と言った。しかし、何度本部に電話しても話し中で電話はつながらなかった。その人は「あなたに会わないで自分で登ってしまえば良かった」と言って遊園地の芝生のほうへスタスタと歩いて行った。その登るコースは、いつも団体の責任者が視察に訪れた時に登るのと、同じ道すじだった。E氏は男性の言葉にショックを受けて呆然としていたが、あわてて後を追い、「だめです」と言うと、その人は「あなたも一緒に登りますか」と言った。結局断わると、非常に残念そうな顔で、じっとE氏を見て、降りていった。一緒に降り、E氏が小屋に入ったあと、「あの人はどちらのほうへ行ったかな」と急いでとび出してゲートまで行き、平取町方面と橋のほうをながめたが、すでにその人の姿はなかった。車の音も姿も全然見えなかった。

E氏が団体の本部に事の次第を報告してから、しばらくたったある日、E氏は同じ札幌のメンバーから「ハヨピラにストレンジャー（見知らぬ人）が来たんだってね」と話しかけられた。それを聞いて彼は国連に現れたというストレンジャーを思い出して衝撃を受けた。

E氏は1992年、『三つの太陽—UFOs』という著書を遺して他界した。彼は生前、こう言っていた。「その人の言葉を証明するように、ハヨピラは二度と集会も儀式も行われることなく、寂れ果てて現在に到ってしまった」

## 国連に現れた謎の人物

人類の歴史の裏側で、勇気ある善意の人々を力づけ、闘争と暗黒の渦巻く地球人類史にも、ほのかな光のある事を知らしめる動きがあるようだ。

名も知れぬ人々はこう呼ばれている。「米国独立宣言文に署名させた“見知らぬ人”」

「軍縮会議で、すべての国の代表者に通じる言語で話しかけた謎の人物」……彼は1960年末に行われた国連における世界指導者会議の代表者控え室に現れてこう言ったという。「地上に平和が存在するには、まず人類に対する善意が必要です。一人の心に燃える火は多くの人の輝きとなり、大いなる光を創り、この世界から暗黒を追い払うでしょう」。彼は各国のグループに次々と話しかけた。この人物の言葉が色々な国の人々に同時に理解されていることに気づいた人々は、自分の耳がおかしいと、その考えを払い除けた。彼は話し終えると悲しげに控え室から瞑想室に入ったが、守衛が中をのぞくと誰もそこにはいなかった。

国連ではすでにその10年も前に似たような事件が起きていた。その出来事は、1950年クリスマスの夜、全米向けラジオ放送で流されたという。ニュース原稿は国連前のレーク・サクセスの記録局から放送の解説者に提供されたもので、国連政治委員会で不思議なことが起きたというものである。

この情報は1960年代、UFO研究団体として全国的に活動していたCBAインターナショナルの国際的協力者、カート・V・ザイジグ氏よりCBAインターナショナル最高顧問松村雄亮氏に提供され、機関誌『空飛ぶ円盤ニュース』に発表されている。

同じ情報は、アンドルー・トマス著『シャンバラ』にも発表されており、米国ではかなり知られた出来事だったようだ。
謎の人物は、東方諸国の衣装をまとい、やせ型でサンダルをはき、よく手入れした顎髭を生やしていた。彼は部外者以外誰も入れない筈の、第12会議室の議長席後方の椅子から、開会宣言と同時に立ち上がったという。大きな楕円形テーブルを囲んで着席していた各国代表は、この予期しない出来事に沈黙したが、ベネガル・ロウ議長の問いかけをきっかけに、謎の男は語り始めた。その発言の中でも、注目されるのは以下の言葉だ。

「私は、悪というものがあって、太陽のもとでそれを見てきました。人間の間には普通のことのようです。舌先で彼らはごまかす。その唇の下にコブラの毒があります。そして彼らは平和の道を知らないのです」「見知らぬ人をもてなすことを忘れないようにされるがよい。ある人は知らない中に天使をもてなして来ましたから」

この男が何らかの方法で会議室に侵入し、各国代表を混乱させる目的だったとしたら、目的は失敗している。どうやら会議はこの男の出現で円滑に終ったようなのだ。また、聖書に通じた識者なら、この男の言葉に聖書的要素が含まれていることに気づく筈である。言葉を聞いた各国の代表者は、なぜ男を引き留めなかったのだろうか。「唇の下にコブラの毒がある」と男は指摘した。「へびよ、まむしの子らよ、どうして地獄の刑罰をのがれることができようか」(マタイ伝23―33)と言ったイエスの言葉を思い起す。

「悪」「偽り」「舌先」については『箴言』に詳しい。「平和の道」についてはイエスはこう言っている。「もしおまえも、この日に、平和をもたらす道を知ってさえいたら……しかし、それは今おまえの目に隠されている」(ルカ伝19—41)

人類が何千年も待ち焦がれている瞬間は、ある日突然訪れるのかも知れない。1947年以後、全世界に空を飛行するUFOとは、各民族の神話伝承を完結するために再臨した神々の乗り物である。現代の天空人たちは、過去の人類に与えた宿題の提出を迫っているのである。過去の人類の行為を現代人としてすべて受け入れることが出来るならば、現代のUFO現象は必然的に起っている出来事として受け止められる。

# 第6章
# 天空人たちは現代世界をUFOで訪問しているのか？

かつて空から降下した神々は、いまどこで何をしているのだろうか？　その答えを20世紀最大の謎ともいわれて世界の空を騒がせているUFOに求めることは無理なのだろうか？

ある人々は、古代から現代に到るまで、一貫して地球人類に臨んできた宇宙の隣人たちは、今もなお、上空を訪れているという。この仮説は本編冒頭の物語へと戻っていく。

## 著者と家族が<br>目撃・撮影したUFO記録より

この絵は著者（妻）の母が昭和の初期に目撃した「動く星」の状況を再現したものである。
幼い頃、母親を亡くした彼女は、いつも夕方になると、玄関の前で父親と兄たちが農作業からもどるのを待っていたという。ある夕方、彼らの

帰りを待ちながら、星を眺めていると、止まっていた星が一つ、急に動き出し、水平にしばらく移動してから、また止まったという。
当時、小学校1年だった彼女は、この事をとても不思議に思い、翌日学校にゆくと、先生に「止まっていた星が水平に動き、また止まったのですが、このような星があるのでしょうか？」とたずねた。すると先生は、「そのような星もあるんですよ」と答えたという。1928年頃の事であった。
「動く星」は現在では珍しくない。それらは人工衛星だからである。人類が初めて人工衛星スプートニクを打ち上げたのは、1957年10月であった。それ以前はベツレヘムの星や古代中国の『天文志』の記録にみられる動く星など、恐らくは流星の類ではなく、地球の人工衛星のような機能を持った地球以外の技術によって製作され、地球軌道上に配置された人工物体ではないだろうか。

この絵は著者（夫）の母が、妊婦だった昭和19年（1944年）の夏、神奈川県鶴見の自宅から東京田端の実家へ向かう途中で目撃した光体の状況を再現したもの。
当時、東京の空は澄んでいて、東のほうに筑波山が見られた。母は、田端駅から下田端へ向かう総鉄製鋲無しで有名な陸橋を渡り終えようとした時、筑波山の上空からホウキ星のようなものがゆっくりと降下し、山を背景に、町の上に消えるのを目撃した。この目撃中「男の子にしてください」と願ったという。著者が生まれたのは、その2、3ヵ月後のことである。

この絵は著者が初めて空飛ぶ円盤と思われるものを目撃した時の状況を再現したもの。1961年8月30日午後9時15分頃、家の下階にいた時、2階から弟の呼ぶ声がしたので上がると、弟が窓の外、西の方角を指差したので、見るとオレンジ色の光体がゆっくりと進んで電柱の陰に隠れ、再び現れなかった。形はドームを持つ円盤の側面状。

この絵は著者（夫）が自信を持って目撃証人として最年少の従兄弟を「UFOを見せてあげる」と誘い、彼と共に屋根で観測中に現れたジグザグ接近する発光体である。1962年1月4日午後7時35分のことであった。

この絵は著者（妻）が独身中、アイヌ聖地ハヨピラにて売店の手伝いをしていた時に目撃したUFOの再現図である。
1970年5月頃、それは低空をゆっくりと移動する、輝く霧のような外観であった。

この絵は著者（妻）が独身中、アイヌ聖地ハヨピラにて売店の手伝いをしていた時に目撃したUFOの再現図である。
1970年5月頃、それは脈動しながら進行する発光体であった。

この絵は著者（妻）が独身中、アイヌ聖地ハヨピラにて売店の手伝いをしていた時に目撃したUFOの再現図である。
1970年12月同僚の女性と共に目撃した。それは日高の山の上空を蛇行

しながら飛行した。

この絵は著者と娘が観測中に目撃し連続撮影した状況を再現したもの。1993年10月11日午後4時過ぎ、著者（妻）と娘は自宅の裏の農地でカメラを持ち、空を観測していた。場所は、奈良県天理市杉本町である。午後4時5分頃、著者は、東北東の空、仰角20度付近に白く輝く小さな物体が飛行しているのを発見した。それは、南東に向かって、山の上空を飛行していた。彼女は望遠カメラを物体に向け、撮影を開始した。物体は時折、強く輝いた。彼女はその瞬間を狙ってシャッターを切った。娘は17倍の双眼鏡で物体を観察した。彼女によると、物体は回転しながら色彩を変えたと言う。物体は三輪山の上空を通過した直後、降下を始め、手前にある建物の屋根に隠れた。著者はその瞬間を撮影した。以下の2枚は、その代表的な場面である。

1989年12月11日午後4時05分　天理市における連続26枚撮影の変化する円形物体。代表的な2つの写真から。

# あとがきに代えて

“子供にもわかる絵本”を目指して始まった制作作業が、なんとか通常の単行本として世に出ることになった。思想や体験を、文字よりも絵で表現したい、という我々夫婦の希望は、ほぼかなえられたと思っている。

1999年の7月、著者は長年の夢だった英国のミステリー・サークルや古代遺跡を、友人の計画と通訳で連れて行ってもらった。UFOの目撃体験については、約40年間のあいだに世間に向けて発信できる内容を充分蓄積したつもりだが、古代世界や、現代の謎ミステリー・サークルについてはあまり経験がなかった。1991年に兵庫県稲美の麦畑や石川県七尾市に発生した計4件のサークル現象を実地検分したり、青森県や秋田県のUFO考古学に関連した、たとえば九州の装飾古墳や不知火《しらぬい》現象、亀ケ岡遺跡、大湯ストーン・サークル、クロマンタ遺跡などを訪れてはみたが、古代世界における宇宙人来訪を直接に感じたというのは千古の謎不知火現象観測体験くらいで、他は黙して語らない遺跡ばかりを相手にしていた。

著者が麦畑のサークル現象に興味を持ったのは、やはりUFOとの関係、そして古代世界との関係をにおわせる要素を認識したからである。英国南部にここ20年ほど続いているクロップ・サークル（今や「クロップ・フォーメーション」と表現すべき外観を呈している）の発生に、小さな空中浮遊光り物、あるいは小型UFOといえそうな飛行物体が関与している映像は、テレビの特集番組でずいぶん見た。また、そのUFO的映像が著者の撮影した白球、即ち1989年11月に万博公園でビデオ撮影した映像によく似ているので、このことを英国のサークル現象研究の第一人者Colin Andrewsへの手紙に書いて送った。アンドリュース氏からは、以前彼の組織の日本支部を依頼され、C.P.R.Japanという実力にそぐわない任務をいただいている。

それで、友人の全面的な助けを得て、7月19日にアンドリュース氏と共に、ヘリコプターからクロップ・サークルの驚異的な姿を見学し撮影した次第である。これは凄かった。そして友人の運転で2300キロを走行しながらスコットランドのストーン・サークルやカップアンドリングを訪れた。

今回のクロップ・サークルの図形に、古代UFOのシンボルとして本編でも言及している「有翼太陽円盤」がみられたことや、天空人エホバと遭遇したイスラエルの意匠である「7枝の燭台」、古代日本装飾古墳やアイヌ文化神オキクルミカムイのシンボル三重同心円、ケツァルコアトルなど蛇のシンボル、太陽のシンボルとしての日食展開図形、などが出来たことで、著者が確認したいと願っていた古代の英知とクロップ・フォーメーションとの関係は、かなり満たされたように思った。

次に、ストーンヘンジやストーン・サークルに何らかの力学的な痕跡あるいは、よく報告される身体に感じる電撃ショックや脳内イメージの誘発、撮影器材への影響といった出来事の体験を得るべく、いろいろと試みてみた。しかし、現代毒の中を泳ぐ鈍感な著者の身体に感応するような際立った変化はなかった。

帰国後、写真が出来てきた時、あんなに撮影した筈のストーンヘンジの写真が１枚もないのに気がついた。英国に着いた当日に表敬訪問し金網の外から撮影したストーンヘンジの写真はあった。しかし金を払って入場し、じっくりとアングルを意識して撮影した写真は１枚もなかった。それで、てっきりフィルム１本をどこかへ落としたんだ、しまったと青くなった。しかし、冷静になってネガをよく調べてみると、なんとストーンヘンジの連続写真のフィルムのみ、帯状の目隠しをされたように透明になっていたのであった。その透明な帯の上に、ストーンヘンジの上部が写っているコマもあった。「いったい何だこれは？　何か間違った操作をしたのか、誤って露光させたのか？」と頭をかかえた。

カメラ修理の専門家にこの話をしたところ、誤ってカメラのフタを開けて感光した場合は、フィルムが黒くなる、と改めて指摘された。すると、このフィルムはストーンヘンジを撮影中、感光しなかったことになる……。いまのところ、きっと何かの間違いで、まさかストーンヘンジの影響ではなかろう、と考えている。ちなみにもう一つのカメラによるリバーサルによるストーンヘンジは通常に写っていた。もし、ストーンヘンジからネガ・フィルムのみを感光させない力が出ていたのなら、他の観光客のネガ・フィルムも同じ被害に遭った筈だ。

著者が絶えず主張しているのは、今現在生きている自分自身が体験せずして何が言えるか、ということである。人の体験を批判したり、錯覚や思い込みを指摘するのは誰でも出来るが、たとえば本物のUFOひとつ、実際に遭遇しようと全財産を投入したからといって必ずしも得られるものではない。

それゆえの反動か、現代社会における一部のUFO観に、UFO目撃という千載一遇のチャンスに出会う確率が高すぎるのは、脳内に欠陥があり幻覚や錯誤をしやすいから、という認識が台頭してきた。

しかし実際のところ、「現象」が「解釈」を絶えず追い越しているようにみえる。人は自分を説明し切れないうちに寿命を迎えている。人の寿命が短いゆえに、親が子に語り聞かせる伝承が生まれた。自滅への道をひた走る惑星の片隅に生きて、もはや多くは望まない。60億人類のいくつかの家系が、天空人伝承を未来に伝えてゆくことを祈るだけである。

1999年8月　　山岡　徹・山岡由来

# 参考・引用文献


「謎の白鳥座61番」 ロビン・コリンズ　二見書房：1 (p.199)、19 (p.102)

「インド文明の曙」 辻　直四郎　岩波書店：2 (p.84)、3 (p.47)、4 (p.81)、6 (p.72)、21 (p.10)、22 (p.38)、23 (p.72)

「世界大百科事典」 平凡社　5、7、10、11、14、17、20、34

「世界神話伝説大系16　メキシコの神話伝説」 名著普及会：8 (p.26)、9 (p.32)、52 (p.23)

「超自然学」 ローレンス・ブレア　平河出版社：12 (p.68)

「聖書辞典」 新教出版社：13 (p.156)

「ファチマの牧童」 セ・バルタス　光明社：15 (p.126～p.127)、33 (p.126)

「太陽と天空神」 ミルチャ・エリアーデ　せりか書房：16 (p.204)

「オリエント神話」 ジョン・グレイ　青土社：18 (p.59)

「リグ・ヴェーダ讃歌」 辻　直四郎訳　岩波書店：24 (p.21)

「聖書外典偽典別巻　補遺Ｉ」 教文館：25 (p.250)

「シャーマン」 ジョーン・ハリファクス　平凡社：26 (p.25)

「宇宙人と古代人の謎」 A・カザンツェフ他　文一総合出版：28 (p.23)

「空飛ぶ円盤実見記」 デスモンド・レスリー　高文社：29 (p.23、p.27)

「世界最古の物語」 H・ガスター　社会思想社：30 (p.232～250)

「空飛ぶ円盤ニュース」 1964年5月号　CBAインターナショナル：31、32

「大世界史Ⅰ」 三笠宮崇仁　文藝春秋：35（p.49）、36（p.38）、38（p.52）、57（p.302）、58（p.265）
「世界美術全集　古代西アジア」 平凡社：37（p.25）、45（p.88）
「円筒印章」 ドミニク・コロン　東京美術：39（p.185）、42（p.181、p.192）
「古代オリエントの神話と思想」 H・フランクフォート他　社会思想社：40（p.245）
「バビロニア文明」 ペトラ・アイゼル　佑学社：41（p.143）、43（p.12）、55（p.41）、56（p.155）
「週刊朝日百科世界の美術26」 朝日新聞社：46（p. 1 -143）
「ウィーン美術史美術館所蔵　古代エジプト展」 TBS：47（p.90）、50（p.92）
「世界神話伝説大系 3　エジプトの神話伝説」 名著普及会：46（p.119）
「聖書外典偽典別巻　補遺Ⅱ」 教文館：51（p.82）
「UFOLOGY よりみた紀伊半島の古代文化」 天宮　清他：53
「巨石文明の謎」 小松左京　日本テレビ：54（p.200）
「大乗仏典」 世界の名著　中央公論社：59（p.168）
「ゴータマ・ブッダ」 中村元　春秋社：60（p.298 ～ 301）
「世界神話伝説大系 9　日本の神話伝説」 名著普及会：61（p.108）
「ホピの太陽」 北沢方邦　研究社：62（p.289）
「ホピ　宇宙からの聖書」 フランク・ウォーターズ　徳間書店：63（p.408）

(著者略歴)

山岡　徹（やまおか　とおる＝ペンネーム）

1944年神奈川県生まれ東京育ち。現在は奈良県天理市に妻子と共に住む。1965年前後、民間UFO研究団体で青年向け機関誌の編集に従事した経験を活かして、1989年より個人のUFO研究誌『THE UFO RESEARCHER』を発行。1993年には国際版として『地球外知性痕跡探索』を発行。中国など海外の研究者に送る。またUFO実写映像やスライドによる構成でビデオ作品も制作。家族全員でUFO観測およびUFO撮影やUFO目撃事件の取材を行いながら、“実際上のUFO像”を自費出版を通じて情報発信している。東京、大阪、秋田の同好者や中国・台湾とも情報交流。地元のテレビにも出演経験あり。

1991年、兵庫県稲美町の麦畑に出来たミステリーサークルを調べたことで、サークル現象の本場英国のコーリン・アンドリュース氏と交流。彼の依頼でC.P.R.JAPANを担当する。1999年7月に友人の助けを得て英国に行き、アンドリュース氏と共にクロップサークルの空中撮影を行う。

山岡由来（やまおか　ゆき＝ペンネーム）

1942年石狩当別生まれ、札幌西高校卒。1966年に民間UFO研究団体に入会し、7年勤めた会社を退職して地方専従者となる。1970年頃、東京に派遣された際、共同でUFO目撃統計を行った現在の夫と知り合い結婚。一女の母となる。1975年より天理に住まいを移し、1980年頃より古代のUFO世界をテーマに聖書や神話の題材から再現画を描きはじめる。近年はUFO目撃再現画に取り組み、100点近い絵を完成させている。この本にも、その一部を掲載した。



天空人伝承

---

2000年1月5日　第1刷発行

著　者　山岡　徹／山岡由来
発行者　細畠保彦
発行所　株式会社たま出版
〒169-0051　東京都新宿区西早稲田3-13-1
☎03-3202-1881（営業）／☎03-3202-1281（編集）
印刷所　株式会社平河工業社

---





ISBN 4-8127-0046-9 C0014